发展农家
沼气建设
生态家园

贺乐乐 刘坚

农业部刘坚副部长给本书再版的题词全文如下：

发展农家沼气建设生态家园

癸未年　　刘坚

农家沼气实用技术

（修订版）

主　编　李长生
编　者　徐杏红　董保成
　　　　李　宁　金道本

金盾出版社

内容提要

本书系统地介绍了农家沼气的实用技术。主要内容包括:沼气生产的基本条件;国内外家用沼气池的基本构造与类型;家用沼气池的设计、施工与操作技术;病态池的修复,提高产气量的措施;配套设备,综合利用与安全使用,以及新颁布的国家标准《户用沼气标准图集》(GB/T4750—2002)的部分设计图等。这次再版着重介绍了家用沼气池的施工技术和"三沼"(沼气、沼液和沼渣)的综合利用新技术。

本书通俗易懂,图文结合,便于自学,可供广大农村沼气技术人员学习参考,也可作为沼气技术培训教材。

图书在版编目(CIP)数据

农家沼气实用技术/李长生主编 . —修订版 . —北京:金盾出版社,2004.1
ISBN 978-7-5082-2726-9

Ⅰ. 农… Ⅱ. 李… Ⅲ. 农村-甲烷-利用 Ⅳ. S216.4

中国版本图书馆 CIP 数据核字(2003)第 091563 号

金盾出版社出版、总发行
北京太平路 5 号(地铁万寿路站往南)
邮政编码:100036 电话:68214039 83219215
传真:68276683 网址:www.jdcbs.cn
封面印刷:北京精彩雅恒印刷有限公司
正文印刷:北京金盾印刷厂
装订:永胜装订厂
各地新华书店经销
开本:787×1092 1/16 印张:10.125 彩页:2 字数:240 千字
2012 年 3 月修订版第 21 次印刷
印数:267 001~275 000 册 定价:22.00 元

再 版 前 言

《农家沼气实用技术》一书自1995年出版以来,现已印刷10余次,深受广大农民的欢迎。近几年来,我国农家沼气实用技术又有了长足的发展,沼气池型不断更新、沼气综合利用技术不断扩展并形成规模。例如,江西、湖南、四川和辽宁等地的"猪、沼、果""猪、沼、菜"、"庭院经济"和"四位一体"等。2001年,农业部适时提出"生态家园"的建设计划,更把沼气综合利用的地位提高到一个新的水平。**正如农业部领导表述的那样:这个计划追求的是富民增收**,主要措施是把可再生能源技术与高效生态农业技术结合起来,挖掘农民家庭基本生活、生产单元内部的潜力,形成能源和物流的良性循环,实现家居温暖清洁化、庭院经济高效化和农业生产的无害化。该计划的实施,对促进农村种养业的结构调整,增加农民的收入,提高农民的生活质量,改善农村环境卫生和保住退耕还林的成果都起到了很大的推动作用,并已取得了日益显现的经济效益和社会效益。

为了进一步适应广大农户和养殖专业户的要求,以及"生态家园"建设的需要,**本书再版中增加了许多新的沼气实用技术。**由于正值国家新标准《户用沼气池标准图集、操作规程及其验收规范》的颁布,本书还详细介绍了该标准的有关内容和采用砖模与"无模悬砌卷拱法"砌筑池盖的施工新技术。

本书收集了种植、养殖地区科技工作者发表的部分论文和试验报告,供读者参阅。在此仅向他们表示深深的谢意。**需注意的是,由于各地自然条件不尽相同,农户对某些综合利用的新技术应先试后用,不可盲从。**至于改装柴油发电机组,进行沼气发电的技术则是十分成熟的,也是作者实践的总结。

为开拓思路、进一步发展我国的沼气技术,本书介绍了一些国外家用沼气池型,并着重介绍了德国波达(BORDA)沼气池的池型、池体结构和草帽形活动盖。它是吸收、改进我国沼气技术后,向第三世界推广的一种沼气池型,值得我们借鉴。

人工制取沼气是一件科学性很强的工作。各地办沼气事业取得成功的经验告诉我们:"**建池是基础,管理是关键**"。只有按照标准的池型结构和操作规程施工,才能保证建池质量;建好的沼气池,一定要进行科学管理,丝毫不能马虎,才能保证使用,发挥经济效益。

总之,我国是一个发展中国家,不可能走西方"石油农业"的道路,只能走一条适合我国国情、发展生态农业的健康之路。所以**发展沼气事业是持续发展农村经济、实现农业现代化和广大农民脱贫致富密切相关的大事。**

希望本书再版能为以沼气为纽带的"生态家园"建设,为改变我国的农户"**一块木板两块砖、粪水蚊蝇满庭院**"和养殖专业户"**钱袋鼓了,家园臭了**"的落后状况有所帮助。愿我国农家小院呈现出"**上有果、下有菜、通道两旁林荫带**"和"**过去煮饭满屋烟,满面灰尘泪不干,如今煮饭拧开关,只闻饭香不见烟**"的"**万家乐**"局面。由于作者水平所限,错误和不当之处在所难免,恳请专家和读者批评指正。

作　者

2003年10月

目 录

第一章　沼气产生的基本条件 ……………………………………（1）
　第一节　什么是沼气 ………………………………………………（1）
　第二节　沼气是怎样制取的 ………………………………………（1）
　第三节　制取沼气的条件 …………………………………………（2）
第二章　家用沼气池型的基本构造与类型 ………………………（6）
　第一节　我国沼气池型的发展概况 ………………………………（6）
　第二节　水压式沼气池 ……………………………………………（7）
　第三节　浮罩式沼气池 ……………………………………………（10）
　第四节　半塑式沼气池 ……………………………………………（12）
　第五节　罐式沼气池（又称铁沼气罐） …………………………（13）
　第六节　国外农家沼气池型简介 …………………………………（13）
第三章　家用沼气池的设计与施工 ………………………………（18）
　第一节　池型设计与布局 …………………………………………（18）
　第二节　建池材料的选用 …………………………………………（18）
　第三节　沼气池施工工艺与操作要点 ……………………………（24）
　第四节　沼气池整体质量检查与验收 ……………………………（44）
　第五节　曲流布料沼气池的设计与施工 …………………………（45）
　第六节　圆筒形沼气池的设计与施工 ……………………………（46）
　第七节　椭球形沼气池的设计与施工 ……………………………（46）
　第八节　分离贮气浮罩沼气池的设计与施工 ……………………（47）
　第九节　半塑式沼气池的施工技术 ………………………………（47）
　第十节　铁罐沼气池的制作 ………………………………………（48）
第四章　家用沼气池发酵工艺及其操作技术 ……………………（49）
　第一节　沼气池的发酵工艺与操作技术 …………………………（49）
　第二节　家用圆筒形沼气池均衡产气常规发酵工艺及其操作技术 …（49）
　第三节　曲流布料沼气池发酵工艺及其操作技术 ………………（55）
　第四节　半塑式沼气池发酵工艺及其操作技术 …………………（55）
　第五节　铁罐沼气池发酵工艺及其操作技术 ……………………（56）
第五章　家用沼气池的病态池修复 ………………………………（58）
　第一节　主要病态池及其问题 ……………………………………（58）
　第二节　沼气池漏水 ………………………………………………（58）
　第三节　沼气池漏气 ………………………………………………（59）
　第四节　沼气池不产气 ……………………………………………（61）
第六章　提高农村家用沼气池产气量的措施 ……………………（62）

第一节　家用沼气池使用中存在的主要问题 ································ （62）

第二节　提高家用沼气池产气量的措施 ································ （62）

第七章　家用沼气池的配套设备 ································ （65）

第一节　沼气灶具 ································ （65）

第二节　沼气灯具 ································ （68）

第三节　沼气发电 ································ （70）

第四节　输气管路 ································ （73）

第五节　出料机具 ································ （79）

第八章　怎样安全使用沼气 ································ （80）

第一节　预防沼气池内窒息中毒 ································ （80）

第二节　预防沼气引起的烧伤和火灾 ································ （81）

第九章　家用沼气池综合利用技术 ································ （82）

第一节　沼气池综合利用概况 ································ （82）

第二节　沼气池综合利用原理 ································ （83）

第三节　沼液的综合利用 ································ （84）

第四节　沼渣的综合利用 ································ （95）

第五节　沼气的综合利用 ································ （107）

第六节　北方"四位一体"模式生态农业技术 ································ （113）

附　图

附图 1　6m³ 曲流布料沼气池池型图（A 型） ································ （118）

附图 2　曲流布料沼气池构造详图（A 型） ································ （119）

附图 3　6m³ 曲流布料沼气池池型图（B 型） ································ （120）

附图 4　曲流布料沼气池构造详图（B 型） ································ （121）

附图 5　6m³ 曲流布料沼气池池型图（C 型） ································ （122）

附图 6　曲流布料沼气池构造详图（C 型） ································ （123）

附图 7　曲流布料沼气池构件图（一） ································ （124）

附图 8　曲流布料沼气池构件图（二） ································ （125）

附图 9　曲流布料沼气池构配件图 ································ （126）

附图 10　6m³ 圆筒形沼气池池型图 ································ （127）

附图 11　圆筒形沼气池构造详图 ································ （128）

附图 12　圆筒形沼气池构件图（一） ································ （129）

附图 13　圆筒形沼气池构件图（二） ································ （130）

附图 14　圆筒形沼气池构件图（三） ································ （131）

附图 15　圆筒形沼气池构件图（四） ································ （132）

附图 16　6m³ 现浇混凝土椭球形沼气池池型图 ································ （133）

附图 17　椭球形沼气池构造详图 ································ （134）

附图 18　椭球形沼气池胎模图 ································ （135）

附图 19 椭球形沼气池构件及配筋图 ……………………………………… (136)

附图 20 6m³ 分离贮气浮罩沼气池池型图 ……………………………… (137)

附图 21 蓄水圈盖板、活动盖板详图 …………………………………… (138)

附图 22 贮粪池、进料口盖板详图 ……………………………………… (139)

附图 23 进料管详图 ……………………………………………………… (140)

附图 24 出料器构造详图 ………………………………………………… (141)

附图 25 1～4m³ 浮罩及配套水封池总图 ……………………………… (142)

附图 26 1m³ 浮罩及配套水封池图 ……………………………………… (143)

附图 27 2m³ 浮罩及配套水封池图 ……………………………………… (144)

附图 28 3m³ 浮罩及配套水封池图 ……………………………………… (145)

附图 29 4m³ 浮罩及配套水封池图 ……………………………………… (146)

附图 30 浮罩固定支架安装详图 ………………………………………… (147)

附图 31 1m³、2m³ 浮罩钢筋骨架图 …………………………………… (148)

附图 32 3m³、4m³ 浮罩钢筋骨架图 …………………………………… (149)

附图 33 6m³ 砖砌圆筒形沼气池池型图 ………………………………… (150)

附图 34 砖砌圆筒形沼气池构造详图 …………………………………… (151)

第一章　沼气产生的基本条件

第一节　什么是沼气

沼气是一种能够燃烧的气体，它在我们周围的环境里不难发现。我们常在一些死水塘、臭水沟、大粪池中，看到表面咕嘟咕嘟地冒气泡，气温越高，气泡冒得越多。这些气泡里的气体就是沼气。最初因为人们在沼泽地带发现这种气体，所以就给它起名叫"沼气"。**沼气其实是由多种气体组成的混合气体。**它含有甲烷（俗称瓦斯）、二氧化碳、硫化氢、一氧化碳、氢、氧、氮等气体。其中甲烷最多，占总体积的 $50\%\sim70\%$，二氧化碳次之，其他几种气体含量很少，一般不超过总体积的 $2\%\sim5\%$。由于硫化氢有很强的腐蚀作用，一般需要对沼气进行脱硫才可炊用。沼气所以能够燃烧主要靠甲烷。甲烷这种气体，无色、无味、无毒。它和一定数量的空气混合，点火就能燃烧起来，发出蓝色的火焰和大量的热。有时候会闻到臭鸡蛋的气味，这是硫化氢的特有气味，点火燃烧后，这种气味就没有了。

在自然界里，有一种"天然气"，它的主要成分也是甲烷，只是比沼气中甲烷成分多，一般在 90% 以上；还有两种常用的人工制成的"管道煤气'和"液化气"。管道煤气是以煤为原料制成的，以一氧化碳为主的可燃气体；液化气是炼油厂的副产品，是一种以丙烷、乙烷为主的可燃气体。可见它们与沼气虽然都是可燃气体，但成分和制取方法是不一样的。

第二节　沼气是怎样制取的

在自然界的许多地方，如臭水沟、塘、坑等都会有沼气产生。但是这些地方沼气数量很少，人们难以收集和利用。要想让沼气为生产和生活服务，就要用人工的方法制取。这就要搞清楚沼气是怎样产生的。

沼气产生的全过程十分复杂。简单地说，**沼气是粪便、秸秆等有机物质在一定的温度、水分、酸碱度并在密闭的条件下，经过沼气菌的发酵作用而产生的。**

图 1-1 是我国典型的水压式沼气池和沼气使用示意图。沼气池内装满了粪便、少量秸草与水的混合发酵液。每天将准备好的新鲜发酵原料，从进料口加入池内。池内有千百万个细菌专吃腐烂了的粪便和秸草中的有机物质，同时产生沼气并留下有机的残渣液。沼气泡浮出液面，贮存在池内气室之中，供炊事、发电和照明使用。发酵过的沼渣液用人工从水压间取出，做肥料、饲料添加剂和农药等。

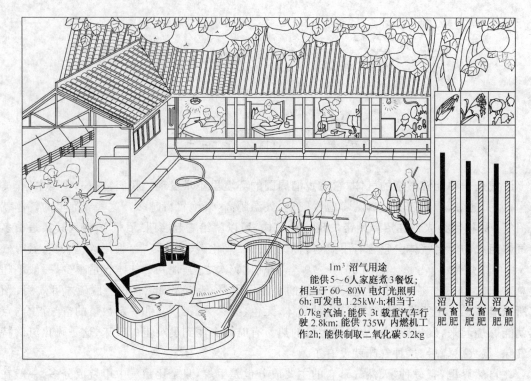

1m³ 沼气用途
能供5~6人家庭煮3餐饭;
相当于 60~80W 电灯光照明
6h;可发电 1.25kW·h;相当于
0.7kg 汽油;能供 3t 载重汽车行
驶 2.8km;能供735W 内燃机工
作2h;能供制取二氧化碳 5.2kg

沼人
气畜
肥肥   沼人
         气畜
         肥肥   沼人
                  气畜
                  肥肥

图 1-1　沼气池和沼气使用

第三节　制取沼气的条件

沼气是有机物质经过沼气细菌的发酵作用而产生的。**产生沼气必须具有以下几种物质和相应的条件,即:沼气菌种、发酵原料(有机物质)、水分、密闭容器、一定的温度和酸碱度等。**

一、沼气菌种

如同发面要有酵母菌一样,产生沼气也要有沼气菌种才行。沼气菌种是怎样的一种细菌呢?研究证明:它不是单纯的一种细菌,而是许多种细菌的总称。根据作用的不同,可以把**沼气菌分为两大类:第一类叫作分解菌;第二类叫作产甲烷菌。**分解菌有几十种,如纤维分解、脂肪分解菌和蛋白分解菌等;产甲烷菌也很多,主要有甲烷杆菌和甲烷八叠球菌等。它们的作用是,先由分解菌将有机物质腐烂,分解成为结构比较简单的有机物质;后由产甲烷菌把这些结构比较简单的有机物质转变成甲烷和二氧化碳。在沼气发酵的过程中,这两类细菌的作用不是截然分开而是相辅相成的。

沼气菌种普遍存在于我们的周围,像臭水沟、污水坑、老粪坑和旧沼气池的污泥都有大量的沼气菌种。新建的沼气池必须投入足够量的沼气菌种,才能很好地发酵和启动。

二、发酵原料(有机物质)

制取沼气要经常不断地向池里投放粪便、秸秆、杂草和垃圾等发酵原料,给沼气菌提供营养物质。沼气菌从有机物质里吸收碳素、氮素和无机盐等养料来生长和繁殖后代,进行新陈代谢并产生沼气。由于不同的发酵原料含有的有机质成分不一样,产生的沼气量与成分也不同

（见表1-1）。

表1-1 主要有机物沼气产量与成分

有机物	气体成分（%）		TS产气量（L/kg）	
	CH_2	CO_2	CH_4	沼气
碳水化合物	50	50	370	740
脂　肪	72	28	1 040	1 400
蛋　白	50	50	490	980

注：TS意为干物质或总固体数量。

农作物秸秆、杂草和树叶里含有丰富的碳；人粪尿和鸡粪里含有较多的氮；牲畜粪便里含有碳和氮。因此，人工制取沼气必须向沼气池里投入各种发酵原料，以满足沼气菌的需要。这对提高产气量，保证持久产气是非常重要的。我国人、畜、禽年平均排泄量见表1-2；农村常用沼气发酵原料的产气量见表1-3。

表1-2 人、畜、禽粪便年均排泄量

种　类	日排粪量（kg）	日排尿量（kg）	年排粪量（kg）	年产沼气量（m³）
人（成年）	0.5	1	183	5.4～5.5
育肥猪	2～3	4～6	730～1045	28～42
黄　牛	10		3650	110
水　牛	15～20		5475～7300	164～220
奶　牛	25	25	9125	274
马	10	10	3560	125
羊	1.5		548	17.5
鸡	0.1		36.5	2.7
鸭	0.15		54.8	
鹅	0.25		90	

注：饲养牲畜如超过标准重量，则排粪量增加40%～80%。

表1-3 农村常用沼气发酵原料（鲜料）产气量参考表

原料种类	1kg鲜料产气量（m³）	生产1m³沼气需原料量（kg）	备注
鲜人粪	0.040	25.0	鲜粪
鲜猪粪	0.038	26.3	鲜粪
鲜牛粪	0.030	33.3	鲜粪
鲜马粪	0.035	28.6	鲜粪
鲜鸡粪	0.031	32.3	鲜粪
鲜青草	0.084	11.9	鲜草
玉米秆	0.190	5.3	风干态
高粱秆	0.152	6.6	风干态
稻　草	0.152	6.6	风干态

由此可见，在有条件的地区，沼气发酵原料应以畜禽粪和人粪为主，配以少量的青草、秸秆和厨房垃圾。

三、温度

温度对沼气菌的生命活动影响很大。**温度适宜，沼气菌生长繁殖快，产沼气就多；温度不适宜，沼气菌生长繁殖慢，产沼气就少**（图1-2）。所以，一定的温度也是生产沼气的一个重要条件。

究竟多高的温度才适宜？一般地说，沼气菌在8℃～70℃范围内都能进行发酵。人们把在52℃～58℃的发酵，叫高温发酵；在32℃～38℃的发酵，叫中温发酵；在12℃～30℃的发酵，叫常温发酵；在10℃以下的发酵，叫低温发酵。高温发酵的有机物质分解快，产气也最快，但需要消耗大量的能源；低温发酵，产气很慢，不能满足用户的需要。实践证明，家用沼气池采用15℃～25℃的常温发酵是经济实用的。

我国广大农村家用沼气池的池温变化直接受地温影响。据浙江农业大学和首都师范大学测定：杭州和北京的全年池温变化情况如图1-3所示(成都沼气科学研究所测定成都的池温变化与杭州接近)。这种埋入地下的常规沼气池，无论北京还是杭州最高池温只有25℃；冬季最低温度，杭州为10℃、北京为5℃。试验表明：当池温在15℃以上时，产气率可达0.1～0.2m³/天；温度在20℃以上时，产气率可达0.4～0.5m³/天；池温在10℃以下时，沼气发酵受到严重抑制，产气率仅为0.01m³/天左右。由此可见，农村家用水压式沼气池的池温在15℃以上时，基本可

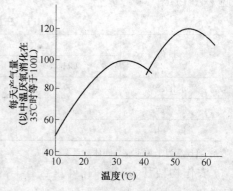

图1-2　温度对产气率的影响

保证农户用气。北京地区池温在15℃以上的时间只有5月中旬到10月下旬共计170天左右，因此在气温下降时必须考虑家用沼气池的保温问题。

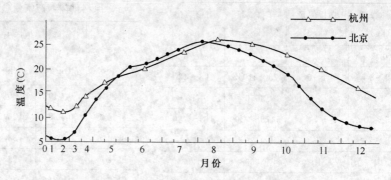

图1-3　家用水压式沼气池全年温度变化曲线

四、水分（浓度）

沼气菌不光要"吃"，还要"喝"。沼气菌在生长、发育和繁殖的过程中，都需要足够的水分。沼气池里有机物质的发酵必须有适量的水分才能进行。为了准确掌握适量的水分，常用"浓度"（即干物质浓度）来表示和测定。如取10kg的发酵原料，经晒干或烘干只剩1kg，则这种原料的干物质（即TS）为10%（含水率为90%），即干物质浓度为10%。一般常用发酵原料的干物质浓度是：鲜猪粪18%、污泥22%、青草24%、干秸草80%～83%。沼气池中发酵液最适宜的干物质浓度应随季节的变化而变化，冬季以10%～12%、夏季以6%～10%为宜。

五、酸碱度（pH值）

沼气菌对生活的环境要求比较严格，酸性或碱性太大都会影响沼气菌的活动能力。沼气菌只有在中性或微碱性的环境里才能正常生长发育。沼气池在启动或运行过程中，一旦发生酸化现象即pH值下降到6.5以下，应立即停止进料和适量回流、搅拌，待pH值逐渐上升恢复正常。如果pH值在8.0以上，应投入接种污泥和堆沤过的秸草，使pH值逐渐下降恢复正常。所以，沼气池中发酵液的酸碱度必须保持中性或者带点碱性即pH值为6.8～7.6。在沼气池的实际运行过程中，常出现因加料过多而引起"酸化"的现象：沼气火苗呈黄色（沼气中二氧化碳含量增大）和沼液pH值下降。如果pH值下降到6.0以下，再进行补救就困难了。

六、密闭

沼气菌怕氧气。在有氧气的条件下,它将无法生活。因此沼气菌必须在隔绝空气的条件下,才能进行正常的生命活动(不需要氧气的细菌叫厌氧菌,又叫嫌气性菌)。所以沼气池必须密闭,不漏水、不漏气,这是人工制取沼气的关键。如果密闭性能不好,产生的沼气也容易漏掉。

七、适当搅拌

由于沼气池内发酵原料含有 90％左右的水分,特别是当发酵原料中含有较多秸草的时候,池内部分原料容易上浮形成浮渣(严重时会在液面上结成浮渣壳)。由于浮渣中水分少,有机物质难以分解而被沼气菌所利用,致使产气量下降;浮渣壳会使产生的沼气难以逸出液面。所以必须对池内的发酵原料进行搅拌,让浮渣与附有大量沼气菌的沉渣和沼液拌和在一起。**实践证明,适当搅拌可使产气量提高 30％左右;每天搅拌两次,每次 15～30 分钟即可**。注意,过多的搅拌对沼气发酵反而不利。所以适当搅拌对沼气发酵而言,不是一个必要的条件,却是一个有效的手段。

第二章　家用沼气池型的基本构造与类型

第一节　我国沼气池型的发展概况

中国是研究、开发人工制取沼气技术较早的国家之一。早在19世纪末我国广东沿海一带就出现了适合农村的简易沼气池。新中国成立后,1958年在我国湖北武昌地区掀起了"大办沼气"的群众运动。当时由于生产力水平低下,缺乏相应的科学技术支持,致使数十万个沼气池大都"昙花一现"。虽然如此,在广大农民群众推广沼气的过程中,水压式沼气池雏型和沼气池的"气、肥、卫三结合"综合功能均表现出强大的生命力,为以后农村沼气技术的研究与开发指明了方向。

20世纪70年代末80年代初,在政府的大力支持下,我国农村沼气建设事业得到空前的发展,成立了全国沼气领导小组和农业部成都沼气科学研究所,组织全国的科研力量于1984年编制了《农村家用水压式沼气池标准图集》等国家标准(GB—4750～4752—84),大力推广"圆、小、浅"、"三结合"(猪舍、厕所和沼气池)的水压式沼气池(图2-1),为具有中国特色的农村家用沼气池的进一步发展奠定了宝贵的技术基础。

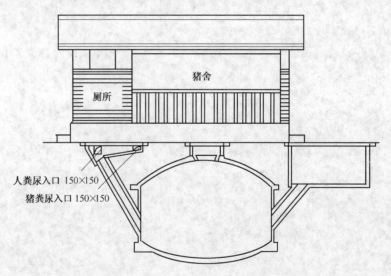

人粪尿入口 150×150
猪粪尿入口 150×150

图 2-1　"三结合"水压式沼气池

近年来,随着我国农村经济的发展和沼气科研与开发的不断深入,又相继出现了一批农村家用沼气池型。如固定拱盖的水压式池、大揭盖水压式池、吊管式水压式池、曲流布料水压式池、顶返水水压式池、分离浮罩式池、半塑式池、全塑式池和罐式池。这些池型大部分继承了水压式沼气池的基本特点,并有所改进和提高。其中,昆明市能源环保办公室提出的"曲流布料沼气池"具有一定的代表性。在以上大量工作实践的基础上,农业部再次组织有关主管部门和专家于2002年编制了《户用沼气池标准图集》等国家标准(GB—4750～4752—2002)。近10年来,随着我国沼气科学技术的发展和农村家用沼气池的推广,户用沼气池型虽有多种多样,但归纳起来均由以下四种基本池型变化而形成。

第二节　水压式沼气池

一、典型水压式沼气池

目前,我国农村大量使用的典型水压式沼气池,仍是老标准中的圆筒形(图 2-2)和椭球形(图 2-3)两种池型。其中,典型的圆筒形沼气池仍占有半壁江山。

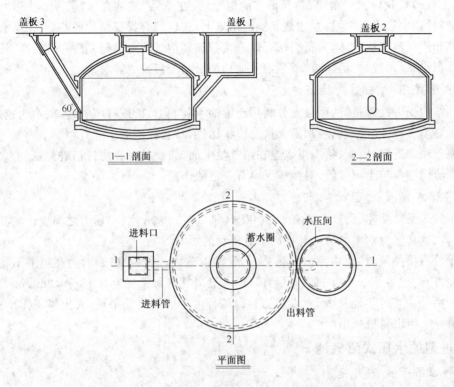

图 2-2　8m³ 圆筒形水压式沼气池型

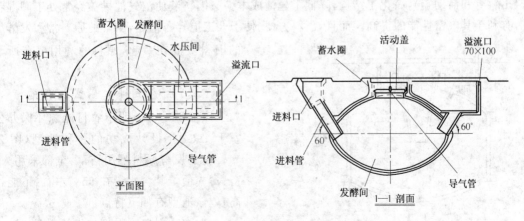

图 2-3　椭球形水压式沼气构造简图

这种池型的池体上部气室完全封闭,随着沼气的不断产生,沼气压力相应提高。这个不断增高的气压,迫使沼气池体内的一部分料液进到与池体相通的水压间内,使得水压间的液面升高。这样一来,水压间的液面跟沼气池体内的液面就产生了一个水位差。这个水位差就叫作"水压"(也就是 U 形管沼气压力表显示的数值)。用气时,沼气开关打开,沼气在水压下排出;当沼气减少时,水压间的料液又返回池体内,使得水位差不断下降,导致沼气压力也随之相应降低。这种利用部分料液来回串动,引起水压反复变化来贮存和排放沼气的池型,就称之为水压式沼气池。

水压式沼气池是我国推广最早、数量最多的池型,是在总结"三结合","圆、小、浅","活动盖","直管进料","中层出料"等群众建池经验的基础上,加以综合提高而形成的。"三结合"就是厕所、猪圈和沼气池连成一体,人畜粪便可以直接打扫到沼气池里进行发酵。"圆、小、浅"就是池体圆、体积小、埋入浅。"活动盖"就是沼气池顶加活动盖板。

（一）水压式沼气池型的优点

(1)池体结构受力性能良好,而且充分利用土壤的承载能力,所以省工省料,成本比较低。

(2)适于装填多种发酵原料,特别是大量的作物秸秆,对农村积肥十分有利。

(3)为便于经常进料,厕所、猪圈可以建在沼气池上面,粪便随时都能打扫进池。

(4)沼气池周围都与土壤接触,对池体保温有一定的作用。

（二）水压式沼气池型的缺点

(1)由于气压反复变化,而且一般在 4～16kPa(即 40～160cm 水柱)压力之间变化。这对池体强度和灯具、灶具燃烧效率的稳定与提高都有不利的影响。

(2)由于没有搅拌装置,池内浮渣容易结壳,且难以破碎,所以发酵原料的利用率不高,池容产气率(即每 m^3 池容积一昼夜的产气量)偏低,一般产气率每天仅为 0.15～0.2m^3/m^3。

(3)由于活动盖直径不能加大,对发酵原料以秸秆为主的沼气池来说,大出料工作比较困难。因此,最好采用出料机械出料。

二、改进型的水压式沼气池

（一）中心吊管式沼气池

如图 2-4 所示,将活动盖改为钢丝网水泥进、出料吊管,使其一管有三种功能(代替进料管、出料管和活动盖),简化了结构,降低了建池成本。又因料液使沼气池拱盖经常处于潮湿状态,有利于其气密性能的提高。而且,出料方便、便于人工搅拌。但是,新鲜的原料常和发酵后的旧料液混在一起,原料的利用率有所下降。

（二）曲流布料水压式沼气池

该池型是由昆明市农村能源环保办公室于 1984 年设计成功的一种池型(图 2-5)。它的发酵原料不用秸草,全部采用人、畜、禽粪便。其含水量在 95% 左右(不能过高)。该池型有如下特点:

(1)在进料口咽喉部位设滤料盘。

(2)原料进入池内由布料器进行布料,

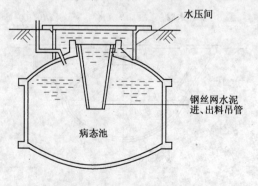

图 2-4　中心吊管式沼气池

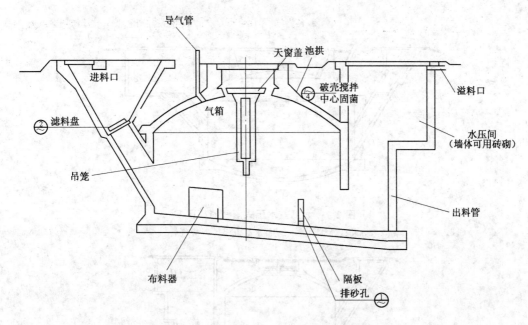

图 2-5 曲流布料水压式沼气池剖面图

形成多路物流,增加新料扩散面,充分发挥池容的负载能力,提高了池容产气率。

(3)池底由进料口向出料口倾斜。

(4)扩大池墙出口,并在内部设隔板,阻流固菌。

(5)池拱中央、天窗盖下部设吊笼,输送沼气入气箱。同时,利用内部气压、气流产生搅拌作用,缓解上部料液结壳。

(6)把池底最低点改在水压间底部。在倾斜池底作用下,发酵液可形成一定的流动推力,实现进出料自流,可以不打开天窗盖把全部料液由水压间取出。

三、其他各种变型的水压式沼气池

除了上述两种变型的水压式沼气池外,各地还根据各自的具体使用情况,设计了多种其他变型的水压式沼气池型。如:为了减少占地面积、节省建池造价、防止进出料液相混合、增加池拱顶气密封性能的双管顶返水水压式沼气池(图 2-6);为了便于出料的大揭盖水压式沼气池(图 2-7)和便于底层出料的圆筒形水压式沼气池(图 2-8);为了多利用秸草类发酵原料而采用弧形隔板的干湿发酵水压式沼气池(图 2-9)。

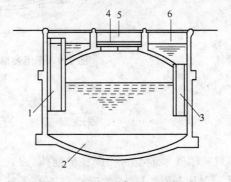

图 2-6 双管顶返水水压式沼气池简图

1.进料管 2.发酵池 3.出料连通管

4.活动盖 5.导气管 6.水压间

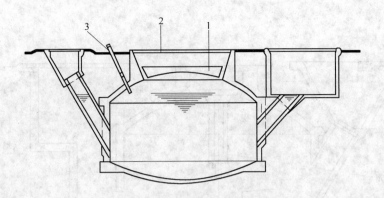

图 2-7　大揭盖水压式沼气池简图

1. 大直径活动盖　2. 蓄水池盖板　3. 导气管

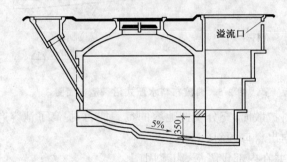

溢流口

5%　350

图 2-8　圆筒形水压式沼气池简图　（单位：mm）

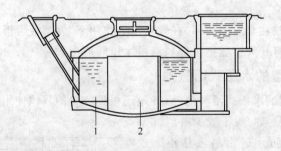

图 2-9　干湿发酵水压式沼气池简图

1. 湿发酵区　2. 干发酵区

第三节　浮罩式沼气池

　　浮罩式沼气池池型为一圆柱形池体，由一个专用于贮气的罩(钢、水泥或塑料制成)直接罩在池顶。它具有沼气压力稳定、产气率高等特点。我国杭州沼气办公室于1980年首先研制成功了分离浮罩式沼气池，并在浙江、江苏等地得到推广。后来各地又研制出了一些新的池型，各有千秋，下面将主要池型作一介绍。

一、分离浮罩式沼气池

　　如图 2-10 所示，这种沼气池将发酵池与贮气浮罩分开建造，既保持了水压式沼气池的池体结构,又增添了浮罩式沼气池的特点。

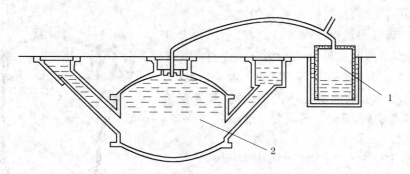

图 2-10 分离浮罩式沼气池简图
1. 分离浮罩 2. 发酵池

（一）分离浮罩式沼气池的优点

(1)沼气压力较低而且稳定。一般压力为 $2\sim2.5kPa$(即 $20\sim25cm$ 水柱),有利于沼气灶、灯燃烧效率的提高,有效地避免了水压表冲水、活动盖漏气和出料间发酵液流失等故障的发生。

(2)发酵液不经常出入出料间,保温效果好。因此,它的池温一般比水压式沼气池高 $0.5\sim1.5℃$。

(3)由于采用分离的浮罩贮气,沼气池可以满装料。该池型发酵容积比同容积的水压式池增加 20%以上。

(4)浮渣大部分被池拱压入发酵液中,可以使发酵原料更好地发酵产气。因为装满料,混凝土池壁浸水后,气密性大为提高。综合起来,其池容产气率比一般水压式池型提高 30%左右。

（二）分离浮罩式沼气池的缺点

(1)建池成本比同容积的水压式池型增加 10%左右。

(2)占地面积稍大些。

(3)对于有秸草加入的原料来说,出料工作仍然存在一定的困难。

二、改进型分离浮罩式沼气池

为了减少占地面积和节省投资,将浮罩置于原水压间内的分离浮罩式沼气池(图 2-11)。

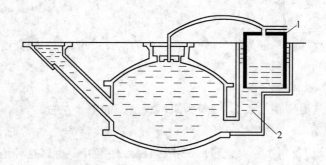

图 2-11 改进型分离浮罩式沼气池简图
1. 分离浮罩 2. 原水压间

三、玻纤水泥浮罩式沼气池

我国采用重量轻、强度高的氯偏被覆玻纤增强水泥和抗碱玻纤水泥(又称 GRC 材料)制成的大口径浮罩,与部分水压式池结构相结合而成的浮罩式沼气池(图 2-12),既发挥了浮罩式沼气池的优点,又克服了钢浮罩存在的缺陷。但由于制作这种水泥浮罩的材料不易购到,目前还难于大面积推广。

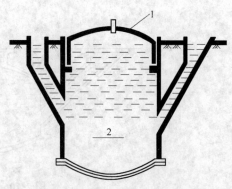

图 2-12　玻纤水泥浮罩式沼气池简图
1. 顶浮罩　2. 发酵池

第四节　半塑式沼气池

半塑式沼气池是以辽宁省能源研究所为主的一些单位研制成功的一种池型。其池体为圆柱形,由一个红泥塑料制成的柔性罩直接扣在池顶上,四周用编织带扣紧置于水封槽中而成。这种池型,首先在我国辽宁省推广使用。因为这个地区虽然年平均气温较低,但夏季光照条件好,当地又有使用沼肥的习惯。为了满足每日进出料的要求,在原池型上增加了进料口和出料间,如图 2-13 所示。

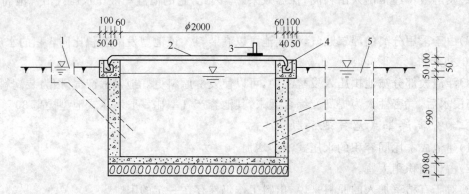

图 2-13　半塑式沼气池简图　(单位:mm)
1. 进料口　2. 红泥塑料气罩　3. 硬塑导气管　4. 水封槽　5. 出料间

一、半塑式沼气池的优点

(一)结构简单,施工方便

一家一户用的池容积一般为 4m³,只需要一个劳动日就可以挖成。只要所用的塑料薄膜质量有保证,基本上建一个成功一个。

(二)投资少,成本低

修建半塑式沼气池所花的成本,一般为水压式池型的 1/2 左右。

(三)产气率高

由于池子比较浅,液面比较大,塑料薄膜吸热保温性能好。所以这种池子内的温度一般要比地下池高 6~10℃,产气率提高 1 倍以上。产气率每天可达 0.3~0.45m³/m³。

(四)管理方便

只要把池顶上的塑料薄膜拉开,大进、大出料都很方便。

二、半塑式沼气池的缺点

（一）塑料薄膜容易老化

目前采用抗拉、耐老化的红泥双面革膜，效果较好。

（二）沼气压力低

一般不大于1kPa（即10cm水柱）。这样的压力，需要配用低压沼气燃具。

（三）使用时间短

由于塑料薄膜沼气池直接接触大气，受气温影响很大。一般要在昼夜最低气温高于10℃和光照好的条件下，才有较好的效果。

（四）安全性差

由于池顶是塑料薄膜，应注意人畜安全。

这种池型虽有投资少、使用方便等特点，但塑料薄膜寿命短和易于破损等问题，一时难于解决，故只在少数地区推广使用。

第五节　罐式沼气池（又称铁沼气罐）

罐式沼气池是由吉林省农科院土肥所研制成功的（图2-14）。它采用干发酵工艺，用钢板焊制一个容积为2m³、卧式圆柱形的沼气装置。适用于我国内蒙古及西北各干旱、太阳能资源丰富和缺少砂石的地区。

一、罐式沼气池的优点

（1）制造、运输和安装均方便。

（2）可以大量利用牛、马粪便和秸草等低质燃料，而且用水量少。

（3）产气率高，每天可达1.0～1.5m³/m³。

（4）进出料方便、安全，节省劳力。

（5）可放置在小型塑料棚内，便于增温和保温。

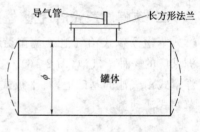

图2-14　罐式沼气池

二、罐式沼气池的缺点

（1）产气量不均匀。该罐装满料4～5天后即可产气燃

烧；8～10天后日产气量达到高峰，大约维持2个月后产气量下降；形成产气量大时用不完，产气量小时不够用的状况。

（2）由于没有贮气装置，产气高峰时，沼气压力可达0.1～0.15MPa（即1.0～1.5个大气压力），是水压式沼气池的10倍左右。这就要求铁罐的焊接质量一定要牢靠。沼气管道大部分需采用水煤气管，其投资有所增加。

第六节　国外农家沼气池型简介

国外农家沼气池的发展主要在发展中国家。印度早在19世纪30年代就有了家用沼气池。20世纪50年代由印度农村工业委员会（KVIC）定型的戈巴（GOBAR）式沼气池得到了推广，到

1980年已建池8万多个。20世纪70年代菲律宾、泰国、韩国和巴西等国相继开发并推广了家用沼气池。由于各国的地理环境、气候、经济和资源条件各不相同,家用沼气池型也不尽相同。为了更好地发展我国农村家用沼气事业,广泛了解国外农家沼气池的优缺点及其发展情况是十分必要的。

一、戈巴式沼气池

戈巴式沼气池是印度曾大量推广定型的一种浮罩式沼气池(图2-15)。将牛粪配水、去渣后的粪液作为发酵原料入池。由于池较深(为直径的2.5倍)且池中有隔墙,致使粪液上下折流,而且新旧料不混。所以,它的原料利用率和池容产气率较高。可旋转的钢制浮罩内壁设有一组刀片,当沼气池内有浮渣壳形成时,可及时转动浮罩将其打碎,以利沼气溢出液面。由于戈巴式沼气池的钢浮罩浸入发酵液中,故有易腐蚀和价格偏高的缺点,因而制约了它的推广。近些年来,为了降低造价、减少钢浮罩的腐蚀和方便施工,该池型的深度已减少为直径的1.0～1.5倍;又在池体外圈增加了一个"水套"。钢浮罩置于"水套"中,避免了与发酵液的直接接触。

二、草帽浮罩式沼气池

草帽浮罩式沼气池是德国劳尔公司向非洲推广的一种沼气池(图2-16)。它在中国分离浮罩式沼气池的基础上,将平板式活动盖改成草帽式活动盖。

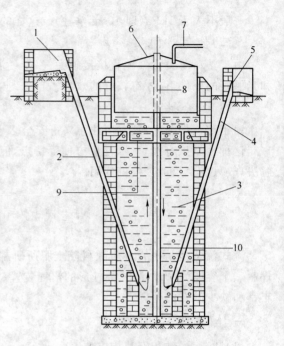

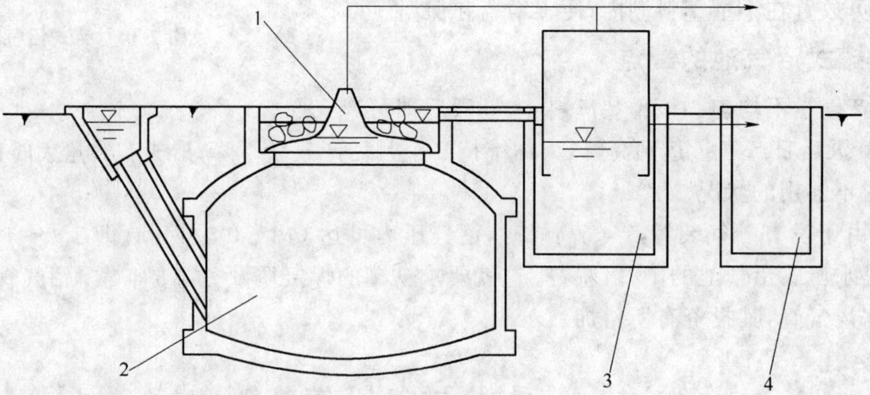

图 2-15 戈巴式沼气池构造简图
1. 进料坑 2. 进料管 3. 发酵间 4. 出料管 5. 出料坑 6. 浮罩 7. 导气管 8. 导向管 9. 钢梁 10. 隔墙

图 2-16 草帽浮罩式沼气池
1. 草帽形活动盖 2. 发酵池 3. 分离浮罩 4. 蓄肥池

这种池型的天窗口直径比中国水压式沼气的ϕ600mm要大,为ϕ800～ϕ1000mm,而且草帽式活动盖可以随时开、闭,且水封不漏气。这种活动盖结构可以解决我国黄河流域以南地区、大多数沼气池存在浮渣结壳和大出料的难题。值得指出的是:这种池型是作者在 1979 年首次提出并在山东泰安地区试验成功后,于 1980 年在中国与德国合作研究项目中,向德国劳尔公司提供的。

三、波达(BORDA)型沼气池

波达型沼气池是德国波达公司吸取中国和印度沼气池的特点设计而成的。波达型池的最大特点是:拱盖为半球形的薄壳结构,可按中国沼气池的固定拱盖建造方法施工。根据浮罩的位置又分为波达浮罩式沼气池(图 2-17a)和波达分离浮罩式沼气池(图 2-17b)。后者的活动盖也采用了草帽式活动盖的设计。这种池型值得我国广大沼气工作者研究和借鉴。

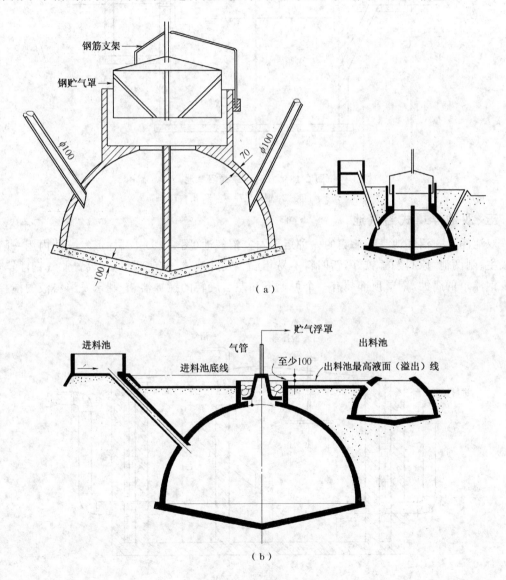

图 2-17　德国波达沼气池

(a)德国波达浮罩式沼气池　　(b)德国波达分离浮罩式沼气池

四、方型浮罩式沼气池

方型浮罩式沼气池(图2-18)是泰国的一种家用沼气池。池体为方形、砖混结构,深1.5m,池容积4～5m³;浮罩相应为方形、钢板结构,直接罩在发酵液面上。为提高沼气的使用压力,在浮罩顶加配重或四角用铁链与池体相连以加大浮罩上升的阻力。虽然钢制浮罩不耐腐蚀,寿命只有2～3年,但其制作和使用方便,造价一般可以接受。

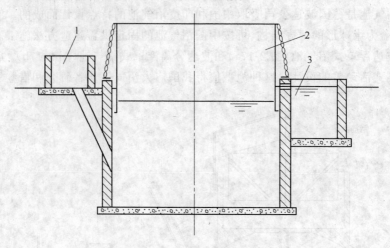

图2-18 方形浮罩式沼气池
1. 进料口 2. 钢贮气浮罩 3. 出料口

五、双池浮罩式沼气池

双池浮罩式沼气池是菲律宾的一种矩形农家沼气池(图2-19)。圆柱形发酵池内用一隔墙分成主、副两池,原料发酵较好,新旧料不易相混。发酵池体外有一"水套"放置贮气钢浮罩,可减少钢浮罩的腐蚀。钢罩顶部装有一个可上下和左右旋转的搅拌器,有利于发酵料液的搅拌和破渣壳。

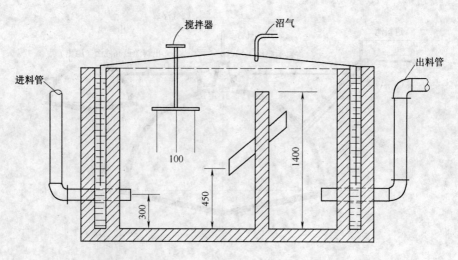

图2-19 双池浮罩式沼气池(菲律宾) (单位:mm)

综上所述,我们可以有这样的认识:

（1）我国自 20 世纪 30 年代出现第一个水压式沼气池以来,经过 70 年的变迁,在广大沼气工作者的共同努力下,中国沼气技术取得了巨大的成就。特别是适合我国国情的水压式沼气池型,深受广大农户欢迎。目前,在原国家标准的基础上又制定了新国家标准,已形成了独立而完整的技术支撑体系。可以预言,中国的沼气池型和沼气技术将会不断地完善、发展。

（2）随着浮罩新材料的应用,分离浮罩式沼气池将会有更大的发展空间;随着高强度、耐老化塑料的不断出现,半塑式沼气池以其成本低、使用方便的优势,也将争得一席之地;罐式沼气池将进一步改进,以其干发酵技术和体积小、便于携带等特点,将对我国西北部干旱地区农村的能源建设发挥积极的作用。

（3）各地农家户用沼气池的建造者和使用者,必须详细了解各种沼气池型的优缺点,结合当地的使用条件,选择合适的池型进行建造和使用,并在使用中不断总结经验,以创造出更适合本地特点的沼气池型和管理技术,为我国沼气事业的发展作出新的贡献。

第三章 家用沼气池的设计与施工

第一节 池型设计与布局

一、池型设计

新建沼气池,必须符合技术要求,才能保证质量,得到良好的使用效果。我国农村家用沼气池,绝大部分是埋在地下,受到结构自重、土层的垂直和水平压力、地面活荷载、地基反力、静水压力和上浮力、池内料液重力及沼气压力等轴对称荷载的作用。圆形池池盖和池底的最不利情况是空池阶段。由于沼气池是封闭壳体,变形微小,所以作用于池体的土层水平侧压力可按弹性平衡理论采用静止土压力计算。削球壳池盖、池体边界条件按无矩铰支假定的无矩理论计算。池墙按两端铰接的圆柱壳体计算。以上假定,经过计算分析,并通过实体模型验证及破坏性试验,证明是正确可行的。

二、标准图集

根据这个理论,我国科研人员设计出一套农村家用水压式 $4m^3$、$6m^3$、$8m^3$ 和 $10m^3$ 沼气池标准图集、质量检查验收标准和施工操作规程,并于 1984 年由原国家标准局批准发布了 GB4750～4752—84《农村家用水压式沼气池标准图集》、《农村家用水压式沼气池质量检查验收标准》和《农村水压式沼气池施工操作规程》。

经过 10 余年的实践,随着我国农村经济的快速发展和对沼气综合利用的更大需求,对原有农村家用沼气池的功能、构造、部件和施工工艺都提出了新的要求。为此,我国有关单位又对原图集的内容进行修订和补充,于 2002 年 7 月国家质量监督检验检疫总局发布了 GB/T4750－2002《户用沼气池标准图集》、GB/T4751－2002《户用沼气池质量检查验收规范》和 GB/T4752－2002《户用沼气池施工操作规程》,并替代 GB4750～4752—84 标准。农户可以根据发酵原料和家庭人口的多少等情况,确定建造多大的沼气池,按该标准的图纸要求施工建造和验收。

三、"三结合"沼气池方案

沼气池容积确定后,一定要注意布局。**根据经验,主要是搞好"三结合",即猪圈、厕所、沼气池三者连通建造,做到人畜粪便能自动流入沼气池内**。这样既有利于产气和卫生,又有利于管理和积肥。"三结合"的方式很多,各地可根据宅基地形和气温等情况灵活布置,室内室外均可。北方农村最好是建在室内炕侧或室外塑料暖棚里,可收到较好的效果。现推荐沼气池、畜禽舍和厕所"三结合"布置的几个方案,如图 3-1 所示。

第二节 建池材料的选用

我国幅员辽阔,气候、地质等自然条件相差很大,资源各异。因此,**在选用建池材料时,必须**

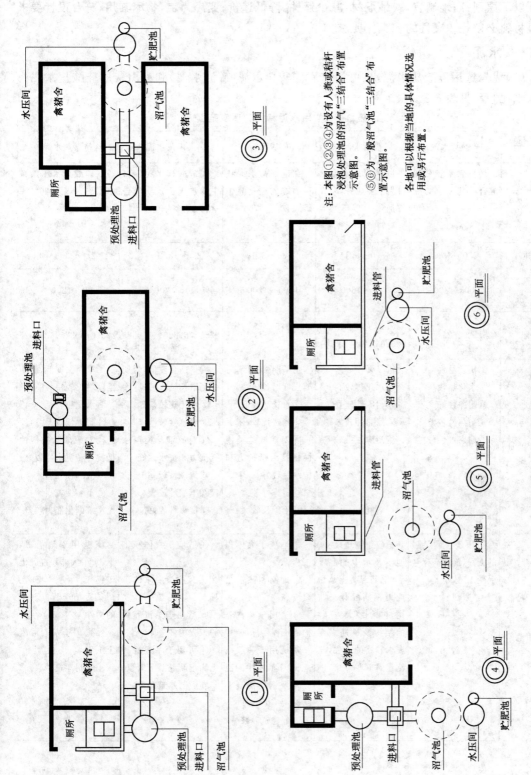

注：本图①②③④为设有人粪或秸秆浸泡处理池的沼气"三结合"布置示意图。
⑤⑥为一般沼气池"三结合"布置示意图。
各地可以根据当地的具体情况选用或另行布置。

图 3-1 沼气池、禽猪舍和厕所"三结合"布置图

遵循以下原则:因地制宜,就地取材,减少运输,降低造价;变废为宝,物尽其用;符合设计要求;胶凝材料必须是水硬性的。具体要求如下:

一、水泥

(1)优先选用硅酸盐水泥,也可用矿渣硅酸盐水泥(矿渣水泥)和火山灰质硅酸盐水泥(火山灰水泥)等,见表3-1。

表3-1　常用水泥特性和适应范围

项　目	硅酸盐水泥	普通水泥	矿渣水泥	火山灰水泥	粉煤灰水泥
组　成	纯熟料不掺任何混合材料	以硅酸盐水泥熟料为主要成分,允许掺加15%以下的混合材料	在硅酸盐水泥熟料中掺粒化高炉矿渣20%~70%	在硅酸盐水泥熟料中掺加火山灰质混合材料20%~50%	在硅酸盐水泥熟料中掺加粉煤灰20%~40%
比　重	3.0~3.15	3.0~3.15	2.9~3.1	2.8~3.0	2.8~3.0
容　重 (kg/m³)	1000~1600	1000~1600	1000~1200	1000~1200	1000~1200
标　号	425、525、625	225、275、325、425、525、625	225、275、325、425、525	225、275、325、425、525	225、275、325、425、525
主要特征	①快硬早强 ②水化热较高 ③耐冻性好 ④耐热性较差 ⑤耐腐蚀性较差	①早强 ②水化热较高 ③耐冻性较好 ④耐热性较差 ⑤耐腐蚀性较差	①早期强度低,后期强度增长较快 ②水化热较低 ③耐热性较好 ④对硫酸盐类侵蚀抵抗力抵抗力和抗水性较好 ⑤抗冻性较差 ⑥干缩性较大	①早期强度低,后期强度增长较快 ②水化热较低 ③耐热性较差 ④对硫酸盐类侵蚀抵抗力和抗水性好 ⑤抗冻性较差 ⑥干缩性较大 ⑦抗渗性较好	①早期强度低,后期强度增长较快 ②水化热较低 ③耐热性较差 ④对硫酸盐类侵蚀抵抗力和抗水性较好 ⑤抗冻性较差 ⑥干缩性较小 ⑦抗碳化能力较差
适用范围	适用于快硬早强的工程,配制高标号混凝土	适应于制造地上、地下及水中的混凝土、钢筋混凝土及预应力钢筋混凝土结构,包括受循环冻融的结构及早期强度要求较高的工程,配制建筑砂浆	①适应于大体积工程 ②配制耐热混凝土 ③适用于蒸汽养护的工程构件 ④适用于一般地上、地下和水中的混凝土及钢筋混凝土结构 ⑤配建筑砂浆	①适应于大体积工程 ②有抗渗要求的工程 ③适用于蒸汽养护的工程构件 ④可用于一般混凝土和钢筋混凝土工程 ⑤配制建筑砂浆	①适用于地上、地下、水中大体积混凝土工程 ②适用于蒸汽养护的构件 ③适用于一般混凝土工程 ④配制建筑砂浆

项 目	硅酸盐水泥	普通水泥	矿渣水泥	火山灰水泥	粉煤灰水泥
不适用	①不适用于大体积混凝土工程 ②不宜用于受化学侵蚀及压力水作用的结构物	①不适用于大体积混凝土工程 ②不宜用于受化学侵蚀及压力水作用的结构物	①不适用于早期强度要求较高的混凝土工程 ②不适用于严寒地区并在水位升降范围内的混凝土工程	①不宜用于早期强度要求较高的混凝土工程 ②不宜用于严寒地区并在水位升降范围内的混凝土工程 ③不宜用于干燥环境的混凝土工程 ④不宜用于耐磨性要求的工程	①不宜用于早期强度要求较高的混凝土工程 ②不宜用于严寒地区并在水位升降范围内的混凝土工程 ③不宜用于抗碳化要求的工程

(2)宜选用水泥标号 325 号和 425 号以上的水泥。

(3)要购买有质量证明和在有效期内(出厂日期不超过 3 个月)的水泥。

(4)水泥在运输和贮存时防止受潮。

二、标砖

标砖要求 MU7.5 以上,平整方正,声脆质均,无裂纹翘曲。

三、石灰

石灰要用块石灰。其碎屑粉末含量小于 30%,煤渣石屑杂质小于 8%;使用前必须经熟化、过滤成石灰膏储存一段时间。

四、砂子

砂子宜选用中砂,可用部分细砂作抹灰用。其要求清洁、杂质少,含泥量小于 3% 和云母量小于 0.5%。

五、石子

石子可以用卵石或碎石。其粒径为 5～20mm,针片状少于 15%,清洁、杂质少,含泥量少于 2% 和软弱颗粒小于 10%。石子强度大于混凝土标号 1.5 倍。

六、砌筑砂浆

砌筑砂浆用于砖石砌体。其作用是将单个砖石胶结成整体,使砌体能均匀传递荷载;强度等级一般采用 MU7.5(即 75 标号)。常用砌筑砂浆配合比见表 3-2。

表 3-2　砌筑砂浆配合比

种 类	砂浆标号及配合比 (重量比)	材料用量(kg/m³)			稠 度 (cm)
		325 号水泥	石灰膏	中砂	
混 合 砂 浆	25#(1:2:12.5)	120	240	1500	
	50#(1:1:8.5)	176	176	1500	
	75#(1:0.8:7.0)	207	166	1450	
	100#(1:0.5:5.5)	264	132	1450	

种　类	砂浆标号及配合比 （重量比）	材料用量（kg/m³）			稠　度 （cm）
		325 号水泥	石灰膏	中砂	
水 泥 砂 浆	50#（1：7.0）	180		1260	7～9
	75#（1：5.6）	243		1361	7～9
	100#（1：4.8）	301		1445	7～9

七、抹面砂浆

抹面砂浆具有平整表面、保护结构、密封和防水防渗的作用。常用抹灰砂浆配合比,见表 3-3。

表 3-3　抹面砂浆配合比

种　类	配合比 （体积比）	1m³ 砂浆材料用量			
		325 号水泥 （kg）	生石灰 （kg）	中　砂 （m³）	水 （m³）
混 合 砂 浆	1：0.3：3	361	58	0.906	0.352
	1：0.5：4	282	76	0.943	0.353
	1：1：2	397	214	0.665	0.390
	1：1：4	261	140	0.857	0.364
	1：1：6	195	105	0.977	0.344
	1：3：9	121	195	0.911	0.364
水 泥 砂 浆	1：1	812		0.680	0.359
	1：2	517		0.866	0.349
	1：2.5	438		0.916	0.347
	1：3	379		0.953	0.345
	1：3.5	335		0.981	0.344
	1：4	300		1.003	0.343

八、混凝土

混凝土是由水泥、砂石和水按适当比例拌和,经一定的时间硬化而成。在混凝土中,砂、石起骨架作用称为骨料;水泥浆包在骨料表面并填充其空隙。混凝土具有很高的抗压性,但抗拉能力很弱。因此,通常在混凝土构件的受拉区设钢筋以承受拉力。没有加钢筋的混凝土称素混凝土;加有钢筋的混凝土称钢筋混凝土。混凝土除具有抗压强度高和耐久性良好的特点外,其耐磨、耐热、耐侵蚀的性能都比较好,加之新拌和的混凝土具有可塑性,能够随模板制成所需要的各种复杂形状和断面。原则上应根据当地砂石材料含水量试配后确定混凝土配合比,但水灰比（水与水泥的重量比）不得大于 0.65,提倡掺用早强剂和减水剂等。

采用手工拌和和捣固的普通混凝土配合比,见表 3-4。

表 3-4　普通(卵石、中砂)混凝土施工参考配合比(手工拌和、捣固)

混凝土标号	石子粒径(cm)	坍落度(cm)	水灰比	砂率(%)	材料用量(kg/m³) 水	水泥	砂	石	配合比(重量比) 水∶水泥∶砂∶石	普通水泥标号
100	0.5～2	3～5	0.82	34	180	220	680	1320	0.82∶1∶3.09∶6.00	325
150	0.5～2	3～5	0.68	35	187	275	678	1260	0.68∶1∶2.46∶4.59	325
150	0.5～2	3～5	0.75	35	187	249	688	1276	0.75∶1∶2.76∶5.12	425
150	0.5～4	3～5	0.68	32	170	250	634	1346	0.68∶1∶2.53∶5.38	325
150	0.5～4	3～5	0.75	32	175	234	637	1354	0.75∶1∶2.72∶5.79	425
200	0.5～2	3～5	0.60	32.5	185	308	620	1287	0.60∶1∶2.01∶4.18	325
200	0.5～2	3～5	0.65	34	185	284	658	1273	0.65∶1∶2.32∶4.48	425
200	0.5～4	3～5	0.60	31	170	284	604	1342	0.60∶1∶2.13∶4.73	325
200	0.5～4	3～5	0.67	31.5	171	255	622	1352	0.67∶1∶2.44∶5.30	425

注:①人工拌制混凝土的方法是先将砂子摊平,将水泥倒在砂子上,两人用铲子相对干拌三次,混合均匀后在中心挖一凹形坑,倒入石子,再将2/3的水加入,两人用铲子相对拌和,并继续加入剩余的1/3用水量,湿拌直至拌和均匀,使混凝土的颜色一致为止。

②用人工捣固或电动振动器捣固混凝土,均应全部捣出浆液,达到石沉浆出,边角等处尤应注意浇、捣密实,严防出现蜂窝麻面。

九、几种现浇混凝土沼气池材料参考用量

常用的曲流布料、圆筒形、椭球形和分离贮气浮罩沼气池材料参考用量,见表3-5～3-8。

表 3-5　4m³～10m³ 现浇混凝土曲流布料沼气池材料参考用量表

容积(m³)	混凝土 体积(m³)	水泥(kg)	中砂(m³)	碎石(m³)	池体抹灰 体积(m³)	水泥(kg)	中砂(m³)	水泥素浆 水泥(kg)	合计材料用量 水泥(kg)	中砂(m³)	碎石(m³)
4	1.828	523	0.725	1.579	0.393	158	0.371	78	759	1.096	1.579
6	2.148	614	0.852	1.856	0.489	197	0.461	93	904	1.313	1.856
8	2.508	717	0.995	2.167	0.551	222	0.519	103	1042	1.514	2.167
10	2.956	845	1.172	2.553	0.658	265	0.620	120	1230	1.792	2.553

表 3-6　4m³～10m³ 现浇混凝土圆筒形沼气池材料参考用量表

容积(m³)	混凝土 体积(m³)	水泥(kg)	中砂(m³)	碎石(m³)	池体抹灰 体积(m³)	水泥(kg)	中砂(m³)	水泥素浆 水泥(kg)	合计材料用量 水泥(kg)	中砂(m³)	碎石(m³)
4	1.257	350	0.622	0.959	0.277	113	0.259	6	469	0.881	0.959
6	1.635	455	0.809	1.250	0.347	142	0.324	7	604	1.133	1.250
8	2.017	561	0.997	1.540	0.400	163	0.374	9	733	1.371	1.540
10	2.239	623	1.107	1.710	0.508	208	0.475	11	842	1.582	1.710

表 3-7 现浇混凝土椭球形沼气池材料参考用量表

池 型	容积(m³)	混凝土(m³)	水泥(kg)	砂(m³)	石子(m³)	硅酸钠(kg)	石蜡(kg)	备 注
椭球 A Ⅰ 型	4	1.018	381	0.671	0.777	4	4	
	6	1.278	477	0.841	0.976	5	5	
	8	1.517	566	0.998	1.158	6	6	
	10	1.700	638	1.125	1.298	7	7	
椭球 A Ⅱ 型	4	0.982	366	0.645	0.750	4	4	
	6	1.238	460	0.811	0.946	5	5	
	8	1.465	545	0.959	1.148	6	6	
	10	1.649	616	1.086	1.259	7	7	
椭球 B Ⅰ 型	4	1.010	376	0.664	0.771	4	4	
	6	1.273	473	0.833	0.972	5	5	
	8	1.555	578	1.091	1.187	6	6	
	10	1.786	662	1.167	1.364	7	7	

注:①表中各种材料均按产气率为 $0.2m^3/(m^3 \cdot d)$ 计算,未计损耗。
②抹灰砂浆采用体积比 1∶2.5 和 1∶3.0 两种,本表以平均数计算。
③碎石粒径为 5~20mm。
④本表系按实际容积计算。

表 3-8 6~10m³ 分离贮气浮罩沼气池材料参考用量表

容积(m³)	混凝土工程			密封工程			合 计		
	体积(m³)	水泥(kg)	中砂(m³)	卵石(m³)	面积(m³)	水泥(kg)	中砂(m³)	水泥(kg)	中砂(m³)	卵石(m³)
6	1.47	396	0.62	1.25	17.60	260	0.20	656	0.82	1.25
8	1.78	479	0.75	1.51	21.21	314	0.24	793	0.99	1.51
10	2.14	578	0.90	1.82	25.14	372	0.28	948	1.18	1.82

注:本表系按实际容积计算,未计损耗;表中未包括贮粪池的材料用量。

第三节 沼气池施工工艺与操作要点

农村家用圆形(包括球形)沼气池施工技术,概括起来可分为砌块建池、整体现浇建池和组合式建池三种工艺。

(一)砌块建池

砌块(包括混凝土预制块、标砖和块石)建池在我国应用较为广泛。实践证明,这种工艺具有以下优点:砌块规格化为池型标准化创造了条件,既可集中工厂预制,又可分散就地生产,机动灵活;可以做到工厂化预制生产、商品化配套供应、装配化现场安装,从而确保砌块质量,降低成本;施工简便,节约木材;适应性强,对于不同水位处的建池均可采用;可以常年备料,常年建池,提高建池速度。

（二）整体现浇建池

整体现浇建池的整体性能好，相对强度较高；质量比较稳定，使用寿命长；但耗用模板和人工较多。

（三）组合式建池

组合式建池是指池墙和池盖采用两种不同的施工工艺，如池盖现浇而池墙采用砌块建池，或者与此相反等。

各地可根据当地的建池材料、地质水文条件、施工习惯等，因地制宜地确定施工工艺。

一、选址放线

（一）选址

兴建沼气池应在"三结合"的前提下，做到厨房、猪栏、厕所和沼气池等合理布局。沼气池最好选在猪舍内或靠近猪舍，与厨房（灶具）距离较近的位置；在地形上选择背风向阳、土质坚实、地下水位低和出料方便的地方；尽量避开老坑、老沟、杂填土、淤泥、流沙等复杂地质条件和树木竹林地。因为，树根和竹根也能破坏池体，导致漏水漏气。

（二）放线

放线工作是保证建池质量，掌握池体各部分轮廓尺寸的关键。按设计图定好主池中心桩、进料口和水压间等位置。随时检查，纠正偏差。

二、池坑开挖

（一）池坑允许开挖深度和坡度

1. 池坑直壁允许开挖深度　在有地下水或无地下水的土壤具有天然湿度的地方，池坑直壁开挖深度应小于表 3-9 所规定的允许值，并可按直壁开挖池坑。

表 3-9　池坑下壁开挖最大允许高度

土　　壤	无地下水的土壤具有天然湿度(m)	有地下水(m)
人工填土和砂土内	1.00	0.60
在粉土和碎石内	1.25	0.75
在粘性土内	1.50	0.95

2. 池坑允许坡度　池建在无地下水、土壤具有天然湿度、土质构造均匀和池坑开挖深度小于 5m 或建在有地下水、池坑开挖深度小于 3m 时，可按表 3-10 的规定放坡开挖。

表 3-10　池坑放坡开挖比例

土壤	坡度	土壤	坡度
砂土	1：1	碎石	0.50：1
粉土	0.78：1	粉性土	0.67：1
粘土	0.33：1		

（二）池坑开挖放线

进行直壁开挖的池坑，为了省工、省料，宜利用池坑土壁作胎模：

（1）圆筒形池与曲流布料池，上圈梁以上部位按放坡开挖的池坑放线，圈梁以下部位按模具成型的要求放线；

（2）椭球形池的上半球，一般按主池直径放大 0.6m 放线作为施工作业面。下半球按池形的几何尺寸放线；

（3）砖砌沼气池土壤好时，将砖块紧贴坑壁原浆砌筑，不留背夯位置；

（4）池坑放线时，先定好中心点和标高基准桩。中心点和标高基准桩应牢固不变位；

（5）池坑开挖应按照放线尺寸开挖池坑，不得扰动土胎模、不准在坑沿堆放重物和弃土。如遇到地下水，应采取引水沟、集水井和曲流布料池的无底玻璃瓶等排水措施，及时将积水排除，引离施工现场，做到快挖快建，避免暴雨侵袭。

（三）特殊地基处理

1. 淤泥　淤泥地基开挖后，应先用大块石压实，再用炉渣或碎石填平，然后浇筑 1：5.5 水泥砂浆一层。

2. 流砂　流砂地基开挖后，池坑底标高不得低于地下水位 0.5m。若深度大于地下水位 0.5m，应采取池坑外降低地下水位的技术措施，或迁址避开。

3. 膨胀土或湿陷性黄土　应更换好土或设置排水、防水措施。

（四）施工方法

一般农村家用沼气池的池坑开挖深度均在 2m 左右。在土质较好的情况下，池坑土壁就可以充当沼气池的外模板，沼气池墙紧贴坑壁，不但能减少回填土的工程量，同时对池体结构受力有利。一般圆柱形池体的池坑挖掘可参考如下施工方法（图 3-2）：

（1）沼气池平面位置确定后，在地上钉 4 根木桩确定池坑中心和基准标高。

（2）按池直径 D，深度＝蓄水圈高 a＋池盖矢高 f_1＋池墙高 H_0 的尺寸挖出毛坯后，树立一中心轴，并在轴上刻出各有关尺寸标记。再以池半径 R＋池墙厚 δ_1＋粉刷层厚 2cm 之和开挖半径，用一竹竿作量具，绕中心轴旋转，精心开挖坑壁。

（3）以池底曲率半径 R_2＋池底厚 δ_2＋粉刷层厚 2cm 之和开挖半径，用一竹竿作量具，绕中心轴旋转，精心开挖坑底。

（4）开挖圈梁基槽和进出料管基槽应注意尺寸。

（5）基坑开挖要尺寸准确、施工快捷，开挖好后应立即进行池底板混凝土施工。底板浇捣混凝土时，仍可用开挖池底的竹竿量具控制池底板的尺寸（只需将竹竿缩短 δ_2 即可）。

（五）质量要求

（1）天然地基应不被扰动，基础处理应符合设计要求。

（2）基础高程的允许偏差为 ±20mm；

（3）地基因排水不良被扰动时，应将扰动部分全部清除，回填卵石、碎石或级配砂石。

（4）地基超挖时，应回填卵石、碎石或级配砂石，亦可回填低强度混凝土。

三、现浇混凝土沼气池施工

采用大开挖支模浇注法施工。

（一）支模

1. 外模　曲流布料与圆筒形沼气池的池底、池墙和椭球形沼气池下半球的外模，对于适合直壁开挖的池坑，可利用池坑壁作外模。

2. 内模　曲流布料与圆筒形沼气池的池墙、池盖和椭球形沼气池的上半球内模，可采用

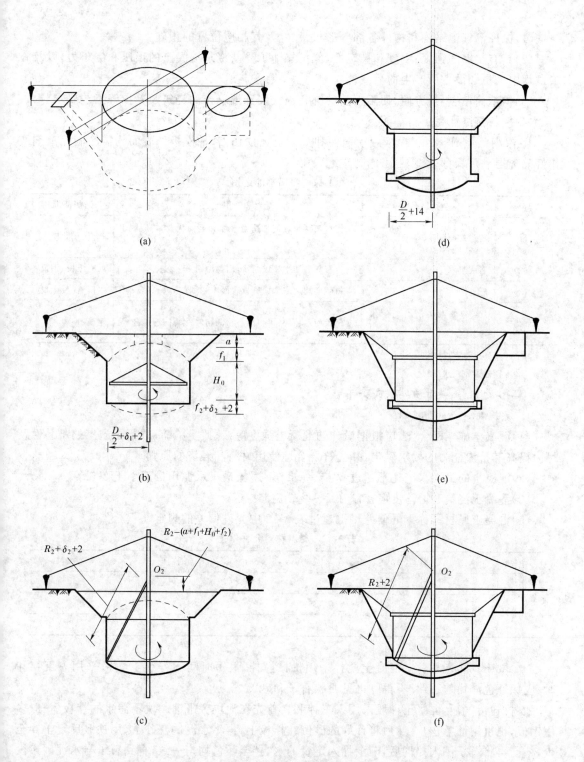

图 3-2　沼气池基坑挖掘

(a)钉桩放线　(b)挖坑壁　(c)挖坑底　(d)挖圈梁槽　(e)挖进出料管槽　(f)浇捣砼池底

钢模、砖模或木模。砌筑砖模时,砖块应浇水湿润,保持内潮外干,砌筑灰缝不漏浆。

3. 模板及其支架的技术要求

(1)保证沼气池结构和构件各部分形状、尺寸及其相应位置的正确。

(2)具有足够的强度、刚度和稳定性,能可靠地承受新浇筑混凝土的正压和侧压力,以及施工过程中人员和设备所产生的荷载。

(3)构造简单、装拆方便,便于钢筋的绑扎与安装和混凝土的浇筑及养护等工艺要求。

(4)模板接缝严密不得漏浆。

4. 涂刷隔离剂　为了模板脱模简便和混凝土无损伤,各种模板外表面均需涂刷隔离剂或作好隔离层。可根据表 3-11 因地制宜地采用。

表 3-11　隔离剂的选用

序号	名称及配比	配置和使用方法	适用范围
(1)	石灰膏:黄泥=1:1	将石灰膏与黄泥加适量水拌和至糊状,均匀涂刷1～2遍	砖模、土胎模
(2)	石灰浆	将石灰膏加水拌成糊状,均匀涂刷1～2遍	混凝土模、钢摸
(3)	肥皂液	将肥皂切片泡水涂刷板表面1～2遍	木模、混凝土模
(4)	107 建筑胶:滑石粉:水=1:1:1	将胶与水调匀,再与滑石粉调均匀,涂刷1～2遍	钢模

注:①砖模外也可隔以油毡。
　　②木模需事先浇水湿润。

(二)浇筑混凝土的技术要求

1. 浇筑混凝土的配合比

(1)混凝土施工配合比,应根据设计的混凝土强度等级、质量检验、混凝土施工的难易性及尽力提高其抗渗能力的要求确定,并应符合合理使用材料和经济的原则。

(2)混凝土的最大水灰比不超过 0.65;每 m^3 混凝土最小水泥用量不小于 275kg。

(3)混凝土浇筑时坍落度应控制在 2～4cm 内。

(4)混凝土原材料称重的偏差不得超过表 3-12 中允许偏差的规定。

表 3-12　材料称重允许偏差

材料名称	允许偏差(%)
水　泥	±2
石子、砂石	±3
水、外加剂	±2

2. 混凝土搅拌要求　混凝土搅拌采用机械搅拌,最短时间不得小于 90s;采用人工拌和时,应保证色泽均匀一致,不得有可见原状石子和砂。

农村建沼气池,混凝土一般采用人工拌和。首先在池坑旁平铺一块不渗水的拌板(一般多用钢板,也可用油毛毡)。然后将称好的砂倒在拌板上,再将水泥倒在砂上,用铁锹反复干拌至少3遍。再将石子倒入拌均后,渐渐加入定量的水,拌至颜色均匀一致,直到石子与水泥砂浆没有分离与不均匀的现象为止。

要特别注意的是:严禁直接在泥土地上拌和混凝土。

3. 浇筑混凝土倾落度的要求　混凝土自高倾落的自由高度不应超过 2m。

4. 浇筑混凝土气温要求　在降雨雪或气温低于 0℃时不宜浇筑混凝土。当需浇筑时应采取有效措施,确保混凝土质量。

5. 浇筑混凝土时间要求　混凝土拌和后,当气温不高于 25℃时,宜在 2 小时内浇筑完毕;当气温高于 25℃时,宜在 1.5 小时内浇筑完毕。

(三)混凝土的浇筑

1. 在浇筑混凝土前　再次对池坑按设计尺寸进行校正,并清除杂物。对干燥的非粘土基坑,用水湿润;有地下水时,采取临时排水和防水措施清除,并清除池底污泥。

2. 浇筑沼气池池墙和池盖　无论采取钢模、木模或砖模,浇筑前必须检查校正,使模板尺寸准确;做好模板表面清洁、木模板淋水润湿、给模板涂刷隔离剂或铺设油毡或塑料薄膜。最后检查钢筋及预埋管件是否安装齐全,位置是否正确。模板安装允许偏差,见表 3-13。

表 3-13　整体现浇混凝土模板安装允许偏差

项　　目		允许偏差(mm)
轴线位置	底板	10
	池壁、柱、梁	5
高　程		±5
平面尺寸(混凝土底板和池体的长、宽或直径)		±10
混凝土结构截面尺寸	池壁、柱、梁、池盖	±3
	洞、槽、沟净空	±5
垂　直　度	池壁、柱	5
表面平整度(用 2m 直尺检查)		5
中心位置	预埋件、预埋管	3
	预留洞	5

3. 在已硬化的混凝土表面继续浇筑混凝土前　应除掉松动石子和软弱的混凝土表层,并加以充分湿润、冲洗干净和清除积水。水平施工缝(如池底与池墙交接处,上圈梁与池盖交接处)继续浇筑前,应先铺上一层 2～3cm 厚与混凝土内砂浆成分相同的砂浆。

4. 浇筑池墙　环向每圈的浇筑高度不应大于 25cm,且每圈的间歇时间应尽量缩短不得超过 2 小时。沼气池底混凝土浇筑好后,一般相隔 24 小时再浇筑池墙。为避免对池底混凝土的质量带来影响,施工人员应站在架空铺设于池底的木板上进行操作。若无此条件,则应在池底铺上一层秸秆,以免操作时直接影响池底混凝土。

5. 浇筑沼气池底壳　应从壳底(中心)向壳的周边对称浇筑;浇筑池盖壳时,则应自壳的周边向壳顶(中心)对称进行。

6. 其他要求　农村沼气池一般采用人工捣实混凝土,池底和池盖的混凝土可拍打夯实;池墙则宜采用钢钎插入振捣。务必使混凝土拌和物通过振动,排挤出内部的空气和部分游离水,使砂浆充满石子间的空隙和混凝土填满模板四周,以达到内部密实、表面平整的目的。

当利用池坑土壁作外模,浇筑池墙混凝土和振捣时一定要小心,不允许泥土掉在混凝土内;注意每一部位都必须捣实,不得漏振,一般以混凝土表面呈现水泥浆和不再沉落为合格。

(四)混凝土的养护

为保证沼气池混凝土有适宜的硬化条件,防止发生不正常的收缩裂缝,农村家用沼气池的混凝土养护应注意：

1. 在炎热的高温季节 浇筑混凝土 2 小时后应即时加以覆盖,以免混凝土中水分过快蒸发。养护混凝土所用的水,其要求与拌制混凝土用的水相同。养护浇水次数,以能保持混凝土具有足够的润湿状态为准。

2. 对已浇筑完毕的混凝土 应在 12 小时内加以覆盖和浇水养护,当日平均气温低于 5℃时不得浇水。

3. 混凝土的浇水养护时间 对采用硅酸盐水泥、普通硅酸盐水泥或矿渣硅酸盐水泥拌制的混凝土不得少于 7 天,对火山灰质及粉煤灰硅酸盐水泥及掺用外加剂的混凝土不得少于 14 天。

4. 其他要求 在已浇筑的混凝土强度未达到设计强度的 70％以上,不得在其上踩踏或拆卸模板及支架。

（五）砖模、土模的施工

农村家用沼气池采用现浇混凝土作为池体结构材料时,提倡用钢模施工。当无此条件时,也可采用砖模和土模施工。

1. 池墙采用砖内模 池墙采用砖模作内模时,应先砌两圈立砖,内贴油毛毡;池墙混凝土浇捣 25～30cm 深后,再砌两圈立砖,内贴油毛毡;再浇混凝土,依次往上施工。浇上圈池墙混凝土时,下圈砖内模可拆除一部分(图 3-3a)。砖内模采用低标号砂浆或粘土砂浆砌筑。砂浆一定要饱满,尺寸要准确,以免浇捣混凝土时砖模变形。

浇混凝土时,应沿池墙一圈铲入混凝土,均匀铺满一层后,再仔细振捣密实。

2. 池盖采用砖内模 池盖采用砖模时,砖模用低标号砂浆砌筑。砖模外表面用粘土砌浆抹成光洁球面后,铺上一层塑料薄膜,再浇捣混凝土。一般应待混凝土强度达到设计强度 70％后,才能拆除砖模,撕下塑料薄膜(图 3-3b)。

3. 池盖采用土内模 在施工好的池底和池墙上加木支撑。在木支撑上搭设伞形架托起模板(图 3-4)。伞形架托起的土胎模的形状和尺寸要用弧拱板进行检查,一边捶紧抹光土体,一边用弧拱板校正土模的弧度和尺寸。当土模外形符合池盖底面形状后抹光,再铺设一层塑料薄膜或刷上一层隔离剂作隔离层,即可浇筑池盖。在池盖浇筑中,用弧拱板进行检验以控制混凝土的厚度。当混凝土强度达到 70％以上时,由活动盖的孔洞挖出里面的土,拆去伞形架及模板,并将池体内表面的泥土清扫干净,以便保证抹灰质量。

（六）池底的施工

先将池底原状土层夯实,铺设卵石垫层并浇灌 1∶5.5 的水泥砂浆,再浇筑池底混凝土,要求振实并将池底抹成曲面形状(见图 3-2f)。

（七）进、出料管的施工

除曲流布料沼气池外,其他沼气池的进出料管,最好购置工厂生产的混凝土水管。安装前,应将管的密封层做好。简易的办法是在管内壁刷 2～3 道防水水泥浆;在管外壁刷 1～2 道防水水泥浆。

进、出料管和水压间的施工及回填土,应与主池在同一标高处同时进行;注意做好进、出料管插入池墙部位的混凝土加强部分的施工。

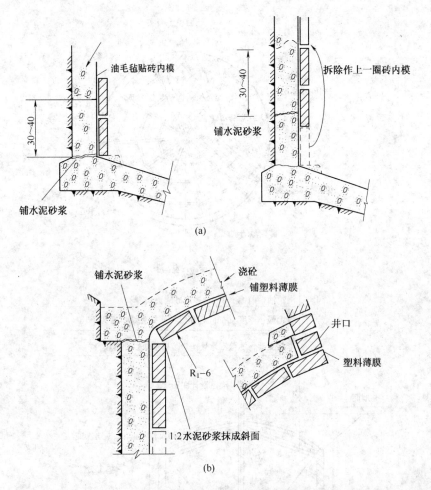

图 3-3　沼气池采用砖模施工技术

(a)池墙用砖作内模　(b)池盖采用砖模

四、砖砌沼气池的施工

由于砖砌结构便于就地取材,造价较低,施工方便,且具有较好的耐火、保温、隔热性能,在我国农村家用沼气池中,砖砌结构的沼气池仍占相当数量,主要用在池墙和池盖的砌筑上。

一般砖砌体强度取决于砖和砌筑砂浆的强度,但施工质量的好坏对砌体强度的影响也很大。

(一)砌筑砂浆对砌体强度的影响

砖砌沼气池施工中,人们往往对砌筑砂浆直接影响砌体强度,特别是影响砌体抗剪强度的认识不足,致使砂浆强度的离散性很大,经常发生浪费水泥或砂浆强度达不到设计等级的现象。其主要表现为:

1. 拌制砂浆的配料比不准　现场拌制砂浆时,原材料没有严格按照配合比计量,仅凭经验配料。过去农村沼气池施工中,砂浆配合比规定可以用重量比或体积比。但在实际施工中多数情况是,名为采用体积比计量,实则粗估毛算,极不准确。采用体积比计量本身就很难保证砂浆用量的准确。这是因为,水泥的密度波动范围为 $0.9 \sim 1.2 t/m^3$;砂子因含水率不同,其体积

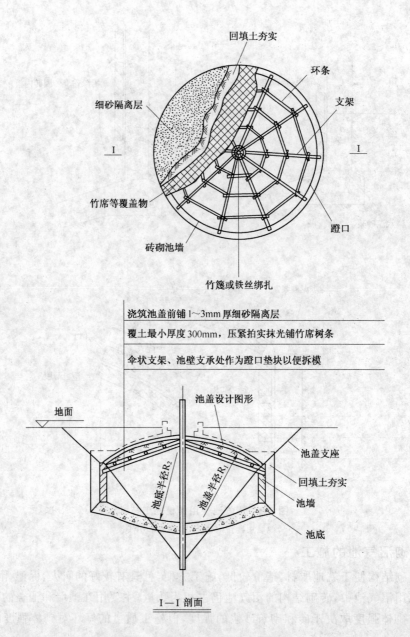

回填土夯实

环条

支架

细砂隔离层

竹席等覆盖物

蹬口

砖砌池墙

竹篾或铁丝绑扎

浇筑池盖前铺1～3mm厚细砂隔离层

覆土最小厚度300mm，压紧拍实抹光铺竹席树条

伞状支架、池壁支承处作为蹬口垫块以便拆模

地面

池盖设计图形

池盖支座

回填土夯实

池墙

池底

池底半径R_2

池盖半径R_1

Ⅰ—Ⅰ 剖面

图 3-4 搭设木伞形架模板示意图

变化可达 20%。有关单位曾做过计量方法对砂浆强度影响的对比试验,结果是:砂浆采用重量比时,试块强度的标准差为 0.02～0.67MPa,变异系数为 0.86%～15.8%;采用体积比时,试块强度的标准差为 0.07～1.76MPa,变异系数为 2.5%～27.9%。这说明采用重量比计量误差比体积比小,且质量较稳定。所以,砂浆的配合比只能采用重量比。

2. 砂浆不能及时用完 拌和后的砂浆不能及时使用完,甚至前一天剩余的砂浆,第二天仍在使用。拌和后的砂浆,随着水泥水化作用的进行而逐渐失去流动性。为了操作方便再加入水时,其强度将降低。国内一些单位进行的试验表明,砂浆强度随着使用时间的延长而降低,一般 4～6 小时后,强度下降 20%～30%;10 小时后,强度降低 50%左右;停放 24 小时,强度降低 70％左右。当气温较高时，砂浆强度下降的幅度还要大些。所以"标准"规定："砂浆应随拌随用，应在拌成后 3 小时内使用完毕。如施工期间最高气温超过 30℃时，应在拌成后 2 小时内使用完毕。"

(二)砌筑质量对砌体强度的影响

1.砖的湿润程度 砌筑砖砌体时，砌砖应提前浇水湿润，含水率宜为 10％～15％。砌砖浇湿后，一方面能使灰缝中的砂浆饱满，并增强砖与砂浆的粘结；另一方面，使砂浆在砌筑过程中保持一定的流动性，从而提高砌体灰缝砂浆的饱满度和操作效率。

有关单位对砖的湿润程度与砌体的抗剪、抗压强度关系进行过试验。结果表明：砌体抗剪强度随着砖含水率增加而提高，含水饱和的砖比干砖的砌体抗剪强度提高将近一倍，见表 3-14。

同样，砌体抗压强度也随着砖的含水率的增加而提高，只不过提高的幅度要小些，见表 3-15。

所以，单从砌体强度考虑，砖在砌筑前水浇得越湿越好，但还必须考虑实际操作问题。如果将砖浇水至饱和或接近饱和状态，由于砂浆流动性增大，砌体易产生滑动变形。农村沼气池常采用 1/4 砖砌筑，更要注意这个问题。因此，只要力争做到外干内湿，砖含水率达到 10％～15％即可。

表 3-14 砖含水率对砌体抗剪强度的影响

砂浆强度 (MPa)	砖含水率 (％)	砖体抗剪强度 (MPa)	比值 (％)
	0	0.156	100
	5	0.182	117
7.30	10	0.218	140
	15	0.271	174
	19.4(接近饱和)	0.295	189

表 3-15 砖含水率对砌体抗压强度的影响

砖强度 (MPa)	砂浆强度 (MPa)	砖含水率 (％)	砌体抗压强度 (MPa)	比值 (％)
		0	1.66	100
		4.75	1.97	119
7.05	3.0～4.3	10.80	2.09	126
		20.00(饱和)	2.18	131

2.灰缝砂浆的饱满度 砖砌体灰缝砂浆的饱满程度是影响砌体强度的一个重要因素。

(1)水平灰缝砂浆。当水平灰缝砂浆不饱满时，有可能出现局部受压和弯扭的情况，将对砌体抗压强度产生极不利的影响。水平灰缝砂浆愈不饱满，砌体抗压强度降低的幅度愈大。据有关单位的试验，只有饱满度为 73％时，砌体抗压强度才等于设计规定的抗压强度。所以，一般规定：砌体水平灰缝饱满度不得低于 80％。至于水平灰缝砂浆对抗剪强度的影响则更为直接，因为饱满度的大小直接反映了受剪面积的大小，饱满度高的砌体，抗剪强度也高。

(2)竖向灰缝砂浆。竖向灰缝砂浆的饱满度，一般来说对砌体抗压强度的影响较小，但对砌体抗剪强度的影响还是较明显的。有试验表明，竖向砂浆不饱满比饱满时抗剪强度下降 20％～30％。所以，竖向灰缝宜采用挤浆或加浆方法，使其砂浆饱满。

(3)密闭性能。对于密闭性能要求很高的沼气池，砌体灰缝砂浆的饱满度又是影响气密性能好坏的重要因素。根据我国砖的规格尺寸和长期施工实践，一般规定：砖砌体的水平灰缝厚度一般为 10mm±2mm。结合我国农村家用沼气池施工的实践，竖向灰缝的厚度，一般不大于 10mm。

3. 砌筑形式　试验表明,不同砌筑形式对抗压强度的影响很小,但对弯曲抗拉强度和轴心抗拉强度有明显的影响("五顺一丁"的砌体抗压强度比"一顺一丁"低2%～5%;"三顺一丁"的砌体弯曲抗拉、轴心抗拉强度比"一顺一丁"高20%)。所以要求上下层砖不允许通缝,且最少要有1/4的砖长互相搭接咬合。

(三)池墙砌筑

池墙砌筑,一般都采用"活动轮杆法"砌筑圆柱形池墙(图3-5)。砌筑中应注意:

(1)砌块先浸水,保持面干内湿。

(2)砌块安砌应横平竖直,内口顶紧,外口嵌牢,砂浆饱满,竖缝错开。

(3)注意浇水养护砌体,避免灰缝脱水降低强度,此点实际施工中多被忽视。若不是采用砌块紧贴坑壁的砌筑方法时,还有一道池墙外围回填土的重要工序。此回填土相当于桶箍的作用,往往是砌块建池成败的关键,必须引起高度重视。其要点是:

①回填土含水量控制在20%～25%之间,以"手捏成团,落地开花"为宜。回填土中最好掺入30%的碎石、石灰渣或碎砖瓦块等。

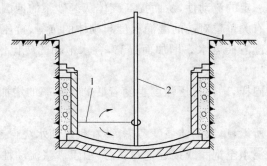

图3-5　活动轮杆法砌筑圆柱形池墙
1. 活动轮杆　2. 中心杆

②薄层、对称、均匀夯实。一般每层虚铺15cm,夯实成10cm。群众称之为"三打二"。粘土回填容重不少于$1.8t/m^3$。

③回填夯实应在砌筑砂浆初凝前进行,边砌筑边回填,一气呵成。

(四)圈梁施工

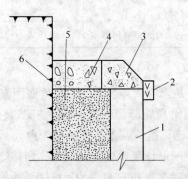

图3-6　圈梁施工示意图
1. 池墙　2. 弧形侧模　3. 圈梁
4. 蹬脚　5. 回填土　6. 原土墙

在砌筑完毕的池墙上端做好砂浆找平层,然后支模或者绑扎圈梁钢筋(一般不用钢筋)。为节省模板,可采用工具式弧形木模,分段移动浇灌低塑性混凝土,拍紧捣实抹光,并做成所需要的斜面;砌好外围块石蹬脚,使拱盖水平推力传至老土,确保圈梁的整体性(图3-6)。

(五)进出料间施工

进料管与出料管间的施工及回填土,应与主池在同一标高处同时进行,注意进、出料管插入池墙部位的局部应加厚。

(六)池盖砌筑

一般多用标砖,采用"无模悬砌券拱法"施工(图3-7)。不需拱架,也不用支模,既快又好。其要点是:

(1)待沼气池圈梁混凝土达到70%强度后,方可砌筑池盖。

(2)砌块应外形规则。砖要经过挑选,使用前湿水,保持外干内湿。并且要配制好粘性较强的砌筑砂浆。

(3)设置"曲率半径线"。池盖曲率半径 $R_{曲}$ 为：

$$R_{曲}=(R^2+f^2)/2f$$

式中 R 为池墙半径，f 为池盖矢高，一般为池墙直径的 $1/5\sim1/4$。根据作者的经验，选 $f=1/5$ 的池墙直径为宜。砌筑过程要经常测量砌块的各处位置是否符合 $R_{曲}$，控制砖块空间定位准确及池拱轴，确保壳体的几何尺寸与受力。为此，可根据计算制作一旋转靠模架，便于测量。

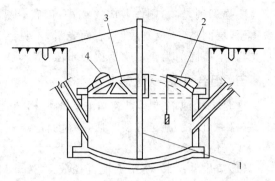

图 3-7 无模悬砌券拱法砌筑池盖施工简图
1. 中心杆 2. 吊线锤
3. 旋转靠模架 4.U 形卡

(4)砌砖时灰缝要饱满、错开。砖体要接触，上口要顶紧，下口要嵌牢，并用扇石尖或废砖片嵌缝隙(图 3-8)。原浆摊扶护面，砌完三四圈后，随即覆土回填，摊平踏实。这样既能增强开口球壳的整体稳定性，又有利于随时上人继续操作。严禁在刚砌好的拱盖上堆放重物或冲击。

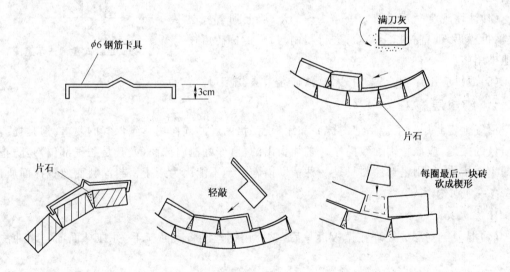

图 3-8 无模悬砌砖壳池盖施工技术

(5)为避免初砌砖块掉落，可用 U 形卡和吊线锤固定、木杆或人工临时靠扶。根据作者的经验，每一圈的第一块砖用吊线锤固定紧，以后轮流用 U 形卡固定，砌筑的成功率高。若有困难，可在每圈的 1/2 处再增设 1 个吊线锤固定。

(6)池内抹灰，多采用"三灰四浆工作法"。此工序是保证全池不漏水、不漏气的关键，需要精细施工，认真操作。

首先清理粉刷面和多余的灰浆，修补凹陷部位，扫除浮灰；然后全池刷一遍水泥净浆，有条件时可掺入水泥重量 $1.5\%\sim3\%$ 的三氯化铁；再用 $1:3$ 水泥砂浆抹底层灰，厚 0.5cm，待其初凝后，再刷浆一遍；随即用 $1:0.2:2.5$ 的水泥石灰膏混合砂浆抹中层灰 0.5cm，初凝后刷浆一遍；再用 $1:0.1:2$ 的混合砂浆抹面层灰 0.5cm，最后全池再刷浆一遍，普通池内抹灰就此完成。

要强调的是,粉刷作业应连续进行,底、中层抹灰做到重压密实,收磨三次;面层抹灰要薄敷重压,层间粘牢,反复收磨,表面光滑,不见砂粒为准。施工时可以边刷水泥净浆,边提浆吹磨收光,直至凝固前为止。吹磨次数不限,但不许中断过夜。

五、组合式沼气池施工

这是一种池墙砖模现浇和池拱砌块相结合的方法(图3-9)。在土质较好的地区,具有省工、省料、省模板、施工方便和质量好的优点,受到农户的欢迎。

在具体施工中,需要注意以下几点:

(1)按设计图尺寸,沼气池直径放大24cm(池壁浇灌混凝土厚度为12cm)大开挖土,池壁要求挖直、挖圆。

(2)画好池墙内圆线,依线砌砖模墙;每砌20cm高砖模墙后,贴上油毡或塑料膜(做隔离膜),浇灌一次混凝土,分层浇灌、分层捣固。捣固要密实,不留施工缝。砖模的座浆,用粘性黄泥浆较好,便于脱模。

(3)池壁与池拱的交接处,做12cm宽、12cm高的混凝土圈梁,以利加固池拱。

(4)池墙现浇后,要适时(一般2~3天)从上到下分层拆模。拆模后,池壁打扫干净,再进行粉刷。拆下的标砖可作砌池拱用砖。

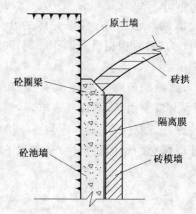

图3-9　组合式建池法示意图

(5)池拱应用标砖,并采用"无模悬砌券拱法"施工。

六、密封层施工

沼气池密封层施工包括池内抹面和涂料密封,两者共同作用达到保气的要求。这是提高建池质量的关键,应该特别细致操作。必须指出的是,作好池内抹面(尤其是贮气部位)是防止漏气的主要措施;外刷密封涂料只是一种辅助措施。绝不能因为用了密封涂料而忽视抹面质量。

(一)池内抹面

1. 基层处理

(1)混凝土基层的处理在摸板拆除后,立即用钢丝刷将表面打毛,并在抹面前浇水冲洗干净。

(2)当遇有混凝土基层表面凹凸不平并出现蜂窝孔洞等现象时,应根据不同情况分别进行处理。当凹凸不平处的深度大于10mm时,先用钻子剔成斜坡,并用钢丝刷打磨,而后浇水清洗干净,抹素灰2mm,再抹砂浆找平层(图3-10),抹后将砂浆表面横向扫成毛面。如深度较大时,待砂浆凝固后(一般间隔12小时)再抹素灰2mm,并用砂浆抹至与混凝土平面齐平为止。

当基层表面有蜂窝孔洞时,应先用钻子将松散石除掉,将孔洞四周边缘剔成斜坡,用水清洗干净,然后用2mm素灰、10mm水泥砂浆交替抹压,直至与基层齐平为止,并将最后一层砂浆表面横向抹成毛面。待砂浆凝固后再与混凝土表面一起做好防水层(图3-11)。当蜂窝麻面不深,且石子粘结较牢固,则需用水冲洗干净,再用1:1水泥砂浆用力压抹平后,并将砂浆表面扫毛即可(图3-12)。对砌筑的砌体,需将砌缝剔成1cm深的直角沟槽(不能剔成圆角)(图3-13)。

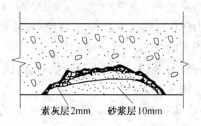

图 3-10   混凝土基层凹凸不平的处理

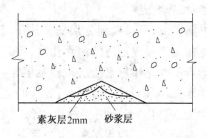

图 3-11   混凝土基层孔洞处理

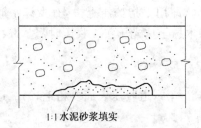

图 3-12   混凝土基层蜂窝处理

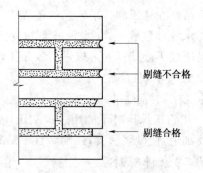

图 3-13   砌体缝的处理

(3)砌块基层处理需将表面残留的灰浆等污物清除干净,并浇水冲洗。

(4)在基层处理完后,应浇水充分浸润。

2.面层施工

(1)四层抹面法。沼气池刚性防渗层四层抹面法施工要求,见表 3-16。

表 3-16   四层抹面法施工要求

层 次	水灰比	操 作 要 求	作 用
第一层素灰	0.4~0.5	用稠素水泥浆刷一遍	结合层
第二层水泥砂浆层厚 10mm	0.4~0.5 水泥:砂为 1:3	①在素灰初凝时进行,即当素灰干燥到用手指能按入水泥浆层四分之一至二分之一时进行,要使水泥砂浆薄薄压入素灰层约四分之一左右,以使第一、二层结合牢固 ②水泥砂浆初凝前,用木抹子将表面抹平、压实	起骨架和护素灰作用
第三层水泥砂浆层厚 4~5mm	0.4~0.45 水泥:砂为 1:2	①操作方法同第二层。水分蒸发过程中,分次用木抹子抹压 1~2 遍,以增加密实性,最后再压光 ②每次抹压间隔时间应视施工现场湿度大小,气温高低及通风条件而定	起着骨架和防水作用
第四层素灰层厚 2mm	0.37~0.4	①分两次用铁抹子往返用力刮抹,先刮抹 1mm 厚素灰作为结合层,使素灰填实基层孔隙,以增加防水层的粘结力,随后再刮抹 1mm 厚的素灰,厚度要均匀。每次刮抹素灰后,都应用橡胶皮或塑料布适时收水(认真搓磨) ②用湿毛刷或排笔蘸水泥浆在素灰层表面依次均匀水平涂刷一遍,以堵塞和填平毛细孔道,增加不透水性,最后刷素浆 1~2 遍,形成密封层	防水、密封作用

（2）操作要点：

①施工时，务必做到分层交替抹压密实，以使每层的毛细孔道大部分被切断，使残留的少量毛细孔无法形成连通的渗水孔网，保证防水层具有较高的抗渗防水性能。

②施工时应注意素灰层与砂浆层在同一天内完成。即防水层的前两层基本上连续操作，后两层连续操作，切勿抹完素灰后放置时间过长或次日再抹水泥砂浆。

③素灰抹面，素灰层要薄而均匀，不宜过厚，否则造成堆积，反而降低粘结强度且容易起壳。抹面后不宜干撒水泥粉，以免素灰层厚薄不均影响粘结。

④水泥砂浆揉浆，用木抹子来回用力压实，使其渗入素灰层。如果揉压不透则影响两层之间的粘结。在揉压和抹平砂浆的过程中，严禁加水，否则砂浆干湿不一，容易开裂。

⑤水泥砂浆收压，在水泥砂浆初凝前，待收水 70%（即用手指按压上去，有少许水润出现而不易压成手迹时），就可以进行收压工作。收压是用木抹子抹光压实。收压时需掌握：

a．砂浆不宜过湿。

b．收压不宜过早，但也不迟于初凝。

c．用铁板抹压时不能用边口刮压，收压一般作两道，第一道收压表面要粗毛，第二道收压表面要细毛，使砂浆密实，强度高且不易起砂。

（二）涂料密封层

为了进一步提高沼气池贮气部位的气密性，采用涂料密封是有效的。目前，有关的密封涂料很多，但大致可分为水泥砂浆（掺填加剂）和高分子涂料两大类。根据使用情况，介绍几种涂料供选择。其具体施工尚需根据产品使用说明书的要求进行。

1．刷浆用灰浆 分为纯水泥浆、水泥掺食盐浆、水泥加三氯化铁（$FeCl_3$）浆和水泥掺水玻璃（Na_2SiO_3 液态）浆等。任选用一种交叉涂刷，反复刷匀，不遗漏、不脱落。

2．面层密封涂料 近些年来，我国对密封涂料新产品的研制和应用技术进行了系统的研究，取得了明显的进展。主要产品有氯丁胶乳化沥青复合涂料、高分子 UMP 涂料、氯磺化聚乙烯防腐涂料和船底防腐漆，以及最近出现的某些防水涂料等，均可作池内密封使用。

这些涂料的共同特点是：粘接强度高、抗渗漏能力和抗腐蚀性能好、抗老化性能和延伸性好、操作简便、价格低廉、对人体和沼气细菌无毒性。根据作者的经验，沼气池内墙密封层按国家标准中"三灰四浆工作法"后，在沼气池内池拱盖贮气部分和浮罩内表面，十字交叉涂刷两层性能较好的防腐漆，其密封性能既好又粘接牢固。

施工要求：

（1）要在池墙内水泥密封层表面全干的情况下，才能进行涂料的施工。

（2）第一遍涂刷，首先要将毛刷用力"墩一墩"（即上、下动作），使涂料嵌入水泥表面孔隙之中。边刷边墩，并按一个方向进行。待第一遍涂料干燥后，按第一遍涂刷的垂直方向进行第二遍涂刷。

（3）涂刷过程中，前一刷与后一刷要适当重叠吻合，不得漏刷、不得有气泡出现。

归纳起来，就是"一干二墩三刷四不漏"。

这些涂料一般 1kg 可涂刷水泥密封层 $2m^2$。一个 $8m^3$ 水压式沼气池，池拱部分仅需 2～2.5kg 涂料。

（三）一种新型密封涂料

实践表明，采用"三灰四浆"工作法能提高沼气池的密封性能，但是施工工序多、建池用料多、工时多、还需反复磨压;用石蜡作涂料施工非常麻烦,需用喷灯在池壁上反复喷烤,极易破坏池体,喷薄不易均匀,很难达到目的;沥青胶乳类型的涂料,施工困难、气味大、有污染。这类涂料可被分解,失效后的残留物又很难清除干净,形成隔离层,对维修造成困难。以上石蜡和沥青胶乳类涂料均属面层涂刷型,易脱落、易分解、寿命较短。

根据作者的试用,一种把高分子材料溶解乳化后再加入到水泥浆内涂刷,使高分子成膜物均匀分布在水泥浆之中,这样既能充满其空隙解决密封的问题,又能解决成膜物在池壁面层易分离脱落及强度不高的问题,还能改变水泥的耐腐性能。藏龙牌 JX－Ⅱ 型密封涂料效果不错,值得介绍,以供大家选用。其各项性能指标测试结果,见表 3-17。

表 3-17　藏龙牌 JX-Ⅱ 型密封剂性能指标测试结果

项　　目	温度 C	设计标准	结　果	备　注
溶水性	35	成形不溶水	不溶	课题组实验室
渗漏率 5m³ 池	15	≤8%	0.7%～1.35%	户县经委监测
渗漏率 3m³ 池	10	1%	未测出	基点试验池
渗漏率 6m³ 池	15	<3%	未测出	南郑县沼办测试
渗漏率 8m³ 池	10	5 年<3%	未测出	基点 1983～1991 年
抗压强度	20	≥对照	对照<88.5%	
抗压强度	20	≥对照	对照<65.1%	西北水科所测定
粘接强度	20	>对照	对照<147.9%	
耐腐性纯品结晶	20	2018-57 法	耐腐	
耐腐性水泥涂层	20	完好	涂层松脆脱落	按标准方法配制溶液
密封剂涂层	20	完好	涂层坚硬光亮	

1994 年湖北省在宜昌设点测试 50 余口池及近几年全国各地测试池例均未测出渗漏,具有重现性。其主要性能指标与国标比较,见表 3-18。

表 3-18　主要性能指标与国标对照表

项　目	JX-Ⅱ 密封剂	GB-4750～4752-84	大专培训教材要求
密封性	渗漏率 1.2%(各地测试均未测出渗漏)	渗漏率 3%	渗漏率 3%
耐腐性	耐腐(15～20 年不维修)	未提及	几年后池子被腐蚀必须进行维修
密封施工工艺	一灰四浆	三灰四浆并要求反复磨压	三灰四浆并要求反复磨压
密封补充作法	不需	夹层水密封作法(附录 D 补充件)	部分教材未提及

项　目	JX-Ⅱ密封剂	GB-4750～4752-84	大专培训教材要求
涂料使用方法	密封施工工艺中加入	密封施工工艺后另用	密封施工工艺后另用
粘接性	比纯水泥高 147.9％（试验数据）	未提及	未提及

从表中提及的指标可以看出,藏龙牌密封剂的各项性能指标均高于国标。

七、活动盖的选型与密封

活动盖的选型与密封似乎是小事,但在使用中此处漏气的沼气池不在少数。有时将活动盖反复安装几次,甚至加上石块等重物也无际于事。作者认为:此问题的关键是活动盖的锥体与天窗口的锥孔不相匹配所致,安装后的间隙一边大一边小。如果某边间隙过大,即使塞有再多的水泥粘土也难于密封良好。对于贮气浮罩沼气池而言,采用新型草帽形活动盖也是解决这一难题的办法之一。

(一)正锥体活动盖

目前,活动盖主要有反锥体和正锥体两种。在《户用沼气池标准图集》(GB/T4750—2002)中均有设计,不再赘述。需要指出的是,对于池拱采用标砖和"无模悬砌砖拱法"施工的沼气池,在天窗口收口时,我们常用竖砖紧贴卷砌法收口(图 3-14),有利于池拱盖的稳定和强度。由于此内口呈正锥体,故多采用正锥体活动盖。

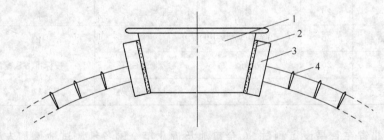

图 3-14　正锥体活动盖设计图
1. 盆(塑、木)　2. 水泥砂浆　3. 立砖　4. 片石(掺砂浆)

为了解决活动盖和天窗口密封不良的难题。作者根据自己的实践,介绍一种简易有效的方法:用一个直径相当的塑料盆的内、外面分别作活动盖和天窗口的外、内模(参见图 3-14)。这样,制作出来的活动盖锥体和天窗口锥孔,可以保证相互配合严实、密封性能良好。

(二)草帽形活动盖

1. 草帽形活动盖的设计　随着新技术、新材料的出现和塑料产品价格的下降,作者推荐采用拆装方便、气密封可靠、只适用于分离浮罩式沼气池的草帽形活动盖。这种活动盖是由带有上拱的圆孔板,再罩上一个草帽形的集气筒组合而成。圆孔板用钢筋混凝土等材料制作。其外径与蓄水圈内径相配,中心有圆孔;集气筒可直接选购塑料水桶或交通隔离塑料墩。

2. 草帽形活动盖的关键尺寸

(1)采用草帽形活动盖成功的关键:一是集气筒的最小高度;二是沼气池顶部蓄水圈的高

度。分析草帽形活动盖沼气池示意图(图 3-15)可知,草帽形集气筒内、外液面的高度差值就是沼气的压力值。而此值是由贮气浮罩的自重决定的,一般为 100～200mm 水柱。显然水泥浮罩所产生的沼气压力要比钢材和塑料制品的浮罩要高。若取沼气压力为 200mm 水柱,那么,③～①的高度为 200mm,一般取②～③的高度为 100mm,④～⑤的高度为 50～100mm。这样,集气筒的最小高度为 350mm。至于集气筒的内径,即为所选购塑料桶的内径,一般为 ϕ300～350mm。相配的圆孔板的拱高①～②一般为 50mm;中心孔直径比集气筒内径小 50～100mm 即可。

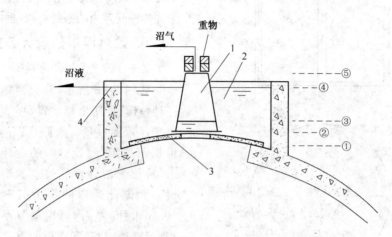

图 3-15　草帽形活动盖设计图
1. 集气筒　2. 蓄水圈　3. 圆孔板　4. 溢流孔(到贮粪池)

(2)为了满足草帽形集气筒高度要求,蓄水圈的最小高度即液面④的位置,应大于①～④的高度＋圆孔板拱高＋圆孔板厚度≥400mm。所以,蓄水圈的高度应由原标准图中设计的 300mm,最少加大到 450mm 为宜。

若采用钢材或塑料制的浮罩,沼气压力值可选 100mm 水柱,那么,集气筒和蓄水圈的高度也要相应减少 100mm。

(3)值得注意的问题:一是将沼气池整体埋深最少增加 150mm,才能满足蓄水圈高度的增加和集气筒安装高度的要求;二是在使用草帽形活动盖的顶部要加配重,只要其不浮动即可。

草帽形活动盖是利用水封的原理将沼气收集与密封,不需要用水泥黏土填实的。所以,一旦池内有浮渣、结壳需要搅拌和出料,可随时打开活动盖进行操作,故十分方便。

(三)活动盖的密封方法

正、反锥体活动盖的密封方法基本相同,在活动盖和天窗口两锥面施工较好的基础上,关键是将两者间隙中的密封物料填满压实,并加水,经常保持湿润状态。下面就常用的正锥体活动盖的密封方法加以说明。

1. **密封材料**　常用密封材料有粘土、白干泥、水泥等。先将不含砂的干粘土锤碎、筛去粗粒和杂物,按 1︰10～15 的配比(重量比)将水泥与粘土拌匀后,分成大小两堆料加水拌和,小堆拌成泥浆状;大堆拌湿成泥团状,以"手捏成团、落地开花"为宜。

2. **清洗表面**　先用扫帚扫去粘在蓄水圈的天窗口、活动盖底及圆周边的泥砂杂物,以利粘结。

3. **封盖步骤**　先将拌好的泥浆分别抹在天窗口和活动盖的锥面上。再将拌好的泥团呈环

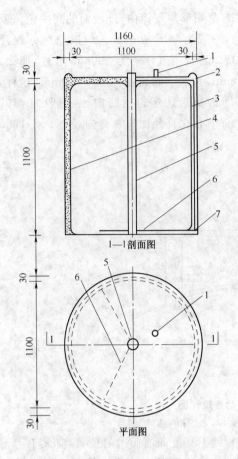

图 3-16　1m³ 水泥浮罩结构图(单位:mm)

1. 导气管　2. 圆环形箍筋　3. 竖向骨架筋
4. 罩壁　5. 中心套管　6. 拉杆　7. 圆环形箍筋

条状平放在天窗口锥面的中部。再把活动盖小心塞入天窗口用脚踩紧,使之紧密贴合。最后将水泥粘土撒在活动盖与天窗口之间的间隙里,分层捣紧,填满为止。

4. 养护使用　用水泥粘土密封活动盖后,打开沼气开关,将水灌入蓄水圈,养护 1～2 天即可关闭开关使用。需打开活动盖时,注意先钩松间隙内的密封材料,再揭活动盖。

八、贮气浮罩的设计与施工

(一)贮气浮罩的设计

如图 3-16 所示,分离浮罩式沼气池是一种恒压、稳压发酵装置。它的气压大小取决于浮罩的重量。水泥浮罩的重量一般应根据沼气用具(灶、灯)的设计额定压力要求,再加上沼气输气管道的沿程压力降来设计。设计浮罩的压力一般在 2kPa(即 20cm 水柱)左右,可用调节浮罩的压强面积(即罩顶面积)和浮罩的重量来控制。

在设计上还必须考虑浮罩的顶板与罩壁厚度有足够的强度,同时要求施工方便。根据经验及计算,小型水泥浮罩顶板厚度一般为 30～40mm,罩壁厚度在 25～30mm之间即能满足强度要求。

容积为 1、2、3、4(m³)的浮罩及水封池的几何尺寸,可参照表 3-19。

表 3-19　不同容积的浮罩及水封池规格

浮罩容积(m³)	1	2	3	4	浮罩容积(m³)	1	2	3	4
内径(m)	1.10	1.40	1.60	1.80	水封池内径(m)	1.30	1.60	1.80	2.00
高(m)	1.10	1.40	1.60	1.70	水封池深(m)	1.45	1.70	1.90	2.00
罩顶厚(mm)	30	30	30	30	水封池壁厚(mm)	50	50	50	50
罩壁厚(mm)	30	30	30	30	导向架高(m)	0.97	1.07	1.27	1.37
钢筋保护层厚度(mm)	12	12	12	12	导向架横梁内长(m)	1.50	1.80	2.00	2.20
水封池容积(m³)	2	3.5	5	6.5	中心导向轴(m)	2.47	2.82	3.22	3.42

容积为 1～4m³ 的浮罩及水封池的具体设计见附图。

(二)贮气浮罩的施工(参见图 3-16)

1. **焊接浮罩骨架**　1～2m³ 浮罩骨架采用 DN25 的水煤气管作导向套管,DN15 的水煤气管作中心导向轴;3～4m³ 浮罩骨架采用 DN40 的水煤气管作导向导管,DN25 的水煤气管作中心导向轴。套管底端比骨架低 5mm，顶端比骨架顶高 15mm。

2. 浮罩顶板施工　首先平整场地，在场地上划一个比浮罩尺寸大 100～150mm 的圆圈，用红砖沿圆周摆平，砌规则，在圆内填满河砂压实并形成锥形，锥形的高度：1～2m³ 浮罩为 10mm，3～4m³ 浮罩为 20mm。在导气管处，需下陷一些，形成一个锥形，以增强导气管的牢固性。然后在上面铺一层塑料薄膜，放上浮罩骨架，校正好，按顶板设计厚度用 1∶2 水泥砂浆抹实压平，待初凝时，撒上水泥灰，反复抹光。沿顶板边缘处，按设计尺寸切成 45°斜口，并保持粗糙，以便与浮罩壁能牢固的胶接。

3. 砌模　顶板终凝后，以导向套圆浮套内径为半径用 53mm 砖砌模。砖模应紧贴钢架，砌浆采用粘土泥浆。模砌至距浮罩壁口部 100～120mm 时，砌模倾向套管 20～30mm，使口部罩壁加厚。模体砌好后，用粘土泥浆抹平砌缝，稍干之后刷石灰水一遍。

4. 制作浮罩壁　先将模体外缘的塑料薄膜按浮罩外径大小切除，清洗干净，在顶板圆周毛边用 1∶2 水泥砂浆铺上 100mm。然后沿模体由下向上粉刷，厚 20～30mm。水泥砂浆要干，水灰比 0.4～0.45，施工不能停顿，一次粉刷完。待罩壁初凝后，撒上干水泥灰压实磨光，消除气孔，进行养护。

5. 内密封　浮罩终凝后，拆去砖模，刮去罩壁上的杂物，清洗干净。在罩内顶板与罩壁连接处，用 1∶1 水泥砂浆做好 50～60mm 高的斜边，罩壁内表用 1∶2 水泥砂浆抹压一次，厚度 5mm 左右，压实抹光，消除气泡砂眼。终凝后，再刷水泥浆二至三遍，使罩壁平整光滑。

6. 水封池试压　将水封池内注满清水，待池体湿透后标记水位线，观察 12 小时，当水位无明显变化时，表明水封池不漏水。

7. 安装浮罩　浮罩养护 28 天后，可进行安装，将浮罩移至水封池旁边，并慢慢放入水中，由导气管排气。当浮罩落至离池底 200mm 左右，关掉导气管，将中心导向轴、导向架安装好，拧紧螺母，最后将空气全部排除。

8. 浮罩试压　先把浮罩安装好后，在导气管处装上气压表，再向浮罩内打气，同时仔细观察浮罩表面，检查是否有漏气。当浮罩上升到最大高度时，停止打气，稳定观察 24 小时，气压表水柱差下降在 3% 以内时，为抗渗性能符合要求。

分离贮气浮罩沼气池的浮罩及水封池尺寸选用，见表 3-20；浮罩及水封池材料，见表 3-21。

表 3-20　6～10m³ 分离贮气浮罩沼气池及水封池尺寸选用表

容积(m³)		6					8					10				
产气率 [m³/(m³·d)]		0.20	0.25	0.30	0.35	0.40	0.20	0.25	0.30	0.35	0.40	0.20	0.25	0.30	0.35	0.40
水封池	内径(mm)	1200	1200	1300	1300	1400	1250	1300	1400	1450	1500	1300	1400	1450	1550	1600
	净高(mm)	1300	1350	1400	1450	1600	1350	1450	1500	1600	1650	1450	1500	1600	1650	1700
浮罩	内径(mm)	1000	1000	1100	1100	1400	1050	1100	1200	1250	1400	1100	1200	1250	1300	1400
	净高(mm)	1000	1050	1100	1150	1200	1050	1150	1200	1300	1350	1150	1200	1300	1350	1400
	总容积(m³)	0.79	0.82	1.05	1.08	1.36	0.91	1.08	1.36	1.60	1.79	1.09	1.36	1.60	1.93	2.16
	有效容积(m³)	0.70	0.75	0.95	1.00	1.24	0.82	1.00	1.24	1.47	1.86	1.00	1.24	1.47	1.79	2.00

表 3-21　1～4m³ 分离贮气浮罩沼气池及水封池材料参考用量表

浮罩容积(m³)	制作工程			刷浆工程	合计		水封池容积(m³)	混凝土工程				粉刷工程		合计		
	砂浆(m³)	水泥(kg)	中砂(m³)	水泥(kg)	水泥(kg)	中砂(m³)		体积(m³)	水泥(kg)	中砂(m³)	卵石(m³)	水泥(kg)	中砂(m³)	水泥(kg)	中砂(m³)	卵石(m³)
1	0.144	80	0.134	14	94	0.134	2	0.323	87	0.140	0.280	79	0.19	166	0.330	0.260
2	0.233	129	0.217	23	152	0.217	3.5	0.466	125	0.196	0.396	115	0.27	240	0.466	0.396
3	0.304	168	0.283	30	198	0.283	5	0.585	158	0.250	0.500	144	0.34	302	0.590	0.500
4	0.368	203	0.342	37	240	0.342	6.5	0.689	186	0.289	0.586	171	0.40	357	0.689	0.566

注:表中材料未计浮罩、水封池的钢材用量。

（三）补充说明

1. 户用分离贮气浮罩沼气池　一般采用容积为 1m³ 的浮罩式贮气装置。浮罩式沼气池,一般采用表 3-19 中容积为 3m³ 或 4m³ 浮罩尺寸。但高度由其安置浮罩处的具体尺寸而定,一般没有中心套管结构。

2. 贮气浮罩的内密封　以增加涂料密封工艺为好。

3. 池外试压法　为避免贮气浮罩装入水封池后试压失败而造成安装困难,建议增加池外试压法。试压时,先在离浮罩 1m 左右处平整一块场地,平铺一层直径比浮罩大 200～300mm、厚约 50mm 的稀泥,盖上塑料薄膜。然后,慢慢地将浮罩放在压有稀泥的塑料膜上,在距浮罩外壁 60mm 处的塑料地面上,用泥土围成 200mm 高的水沟、放满水。在导气管上装一个三通,一端接 U 形管压力表;另一端接打气筒,向罩内打气。气压上升至设计压力即停止,观察压力表是否下降。如下降,则用肥皂水洒在浮罩上,看哪里冒气泡。冒泡处即为漏气处,应重新密封直至不漏。

4. 安装　水封池应先装满水;将浮罩平移至水封池上,再慢慢平稳放入水封池内;让浮罩下沉 0.9m 后,封闭导气管;将导向轴插入浮罩的导管,拨动浮罩,使导向轴对正底座,架上固定架横梁。

5. 罩壁高度较低的浮罩式沼气池　可采用土模、正置钢筋骨架,并参照本文所述方式进行施工,更为方便。

6. 改装贮气浮罩　如今在经济条件许可的情况下,采用市售的 1m³ 左右容积的塑料垃圾桶(圆筒形和方形均可)改装作贮气浮罩,不失为一种简便又实用的方法。

第四节　沼气池整体质量检查与验收

检查验收是为了评价建池质量,又可最后把好质量关。因此,必须按照统一标准进行,不得各行其是。新建沼气池和大换料后经保养维护的旧池,必须经过检查验收合格,方可投料使用。根据《户用沼气池质量检查验收规范》的有关规定,其检验方法如下:

一、直观检查法

应对施工记录和沼气池各部位的几何尺寸进行复查。池体内表面应无蜂窝、麻面、裂纹、砂眼和气孔;无渗水痕迹等目视可见的明显缺陷;粉刷层不得有空鼓或脱落现象。合格后,方可进行试压验收。

二、气压检测法

待混凝土强度达到设计强度等级的 85％以上时,方能进行气压检测验收。检验方法有水试气压法和气试气压法。

(一)水试气压法

向池内注水,水面升至零压线位时停止加水,待池体湿透后标记水位线,观察 12 小时,当水位无明显变化时,表明发酵间及进出料管水位线以下不漏水,之后方可进行试压。试压时先安装好活动盖,并做好密封处理;接上 U 型水柱气压表后继续向池内加水,等 U 型水柱气压表数值升至最大设计工作气压时停止加水,记录 U 型水柱气压表数值,稳压观察 24 小时。若气压表下降数值小于设计工作气压的 3％时,可确认为该沼气池的抗渗性能符合要求。

(二)气试气压法

池体加气试漏同水试气压法。确定池墙不漏水之后,将活动盖严格密封,装上 U 型水柱气压表,向池内充气,当 U 型水柱气压表数值升至设计工作气压时停止充气,并关好开关,稳压观察 24 小时。若 U 型水柱气压表下降数值小于设计工作气压的 3％时,可确认为该沼气池的抗渗性能符合要求。

浮罩式沼气池,须对贮气浮罩进行气试气压法检验。

浮罩试压:先把浮罩安装好后,在导气管处装上 U 型水柱气压表,再向浮罩内打气,同时在浮罩外表面刷肥皂水仔细观察浮罩,表面检查是否有漏气。当浮罩上升到设计最大高度时,停止打气,稳定观察 24 小时,U 型水柱气压表下降数值小于设计工作气压的 3％时,可确认该浮罩的抗渗性能符合要求。

第五节　曲流布料沼气池的设计与施工

一、设计特点

(1)曲流布料沼气池适用于人、畜、禽单一粪便原料的连续发酵工艺。

(2)曲流布料沼气池池底由进料口向出料口倾斜,有利于大出料。

(3)根据池型结构,曲流布料沼气池分为三种池型:A 型池为基本型;B 型池增设了可用于搅拌的中心管和有利于控制发酵原料滞留期的塞流板;C 型池又增设了布料板、中心破壳输气吊笼和原料预处理池。

以上这些设计,有利于进一步提高沼气池的综合性能。

二、材料与结构

沼气池的池墙、池拱、池底、上下圈梁的材料采用现浇混凝土;水压间圆形结构,采用现浇混凝土,方形结构采用砖砌;进料管为圆管,可采用现浇混凝土,也可采用混凝土预制管;各口盖板、中心管、布料板、塞流固菌板等采用钢筋混凝土预制板;中心破壳输气吊笼为双层圆形竹编。

三、施工要点

整体现浇大开挖支模浇注法:按图纸放线并挖去全池土方。先浇池底圈梁混凝土,然后浇注池墙和池拱混凝土。池墙外模可利用原状土壁,池墙和池拱内模用钢模(不具备钢模条件时,可用砖模或木模)。混凝土浇注要连续、均匀对称、振捣密实、由下而上地进行,池拱外表采用原浆反复压实抹光,注意养护(详见 GB/T 4752)。

曲流布料沼气池标准图,见附图 1～9。

第六节　圆筒形沼气池的设计与施工

一、设计特点

(1)圆筒形沼气池适用于粪便、秸杆混合原料满装料发酵工艺。

(2)按照"三结合"(沼气池、厕所、畜厩相连通)、圆筒形池身、削球壳池拱、反削球壳池底、水压间、天窗口、活动盖、斜管进料、中层进出料、各口加盖的原则设计。池拱矢跨比 $f_1/D=1/5$,池底反拱 $f_2/D=1/8$,池墙高 $H_0=1.0$m。

二、材料与结构

沼气池墙、池拱、池底、上下圈梁等采用现浇混凝土;进、出料管采用现浇混凝土或预制混凝土圆管;水压间底部采用现浇混凝土,墙砖砌或现浇混凝土;各口盖板采用钢筋混凝土预制件。

其池墙和池盖也可采用砖砌结构。

三、施工要点

整体现浇大开挖支模浇注法:按图纸放线并挖去全池土方。先浇池底圈梁混凝土,然后浇注池墙和池拱混凝土。池墙外模可利用原状土壁,池墙和池拱内模用钢模(不具备钢模条件时,可用砖模或木模)。混凝土浇注要连续均匀对称、振捣密实、由下而上地进行。池拱外表采用原浆反复压实抹光,注意养护(详见 GB/T 4752)。

若采用砖砌结构,其中池墙砌筑采用"活动轮杆法",池盖砌筑采用"无模悬砌卷拱法"。

圆筒形沼气池标准图,见附图 10～15。

第七节　椭球形沼气池的设计与施工

一、设计特点

(1)椭球形沼气池适用于粪便、秸杆混合原料满装料发酵工艺。

(2)池体由椭圆形曲线绕短轴旋转而形成的旋转椭球壳体构成,亦称扁球形;埋置深度浅,发酵底面大;水压间设计为长方形,便于进出料和搅拌。

二、材料与结构

沼气池为上、下椭球体,水压间和进、出料管的材料采用现浇混凝土,其中进、出料管也可采用混凝土预制管。各口盖板采用钢筋混凝土预制件。

三、施工要点

(1)混凝土的水灰比应严格控制在 0.65 以内。

(2)浇注下半球混凝土时,以螺旋式进行,上半球混凝土应对称均匀浇注。

（3）池腰部逐步增厚至 100mm。

椭球形沼气池标准图，见附图 16～19。

第八节　分离贮气浮罩沼气池的设计与施工

一、设计特点

（1）分离贮气浮罩沼气池适用于人、畜、禽单一粪便原料的连续发酵工艺。

（2）按照"三结合"（沼气池、厕所、畜厩）布置，圆筒形池身、削球壳池拱、斜底、天窗口、活动盖、池底由进料口向出料器底部倾斜，斜管进料，地层出料，上部溢流，各口加盖。池拱矢跨比 $f_1/D=1/5$，池墙高 $H_0=1.0$m。

（3）贮气浮罩与配套水封池（即贮粪池）的有效容积，按沼气池日产量的 50% 设计。

二、材料与结构

沼气池的池墙、池拱、池底、上下圈梁采用混凝土现浇；进料管、出料器套管、进料口、回流沟、贮粪池、水封池等采用混凝土现浇或预制；溢流管采用钢筋混凝土预制或钢管；各口（沟）盖板采用钢筋混凝土预制；浮罩为钢筋混凝土结构，径高比 $D/H_0=1:1$。

其池墙、池盖和水封池墙也可采用砖砌结构。

三、施工要点

发酵间、进料口、贮粪池、水封池的施工按 GB/T 4752 的要求进行；溢流管安装在发酵池的拱部，上端溢流口与拱顶齐平，并与贮粪池连接，下端位于池内最大气压时液面以下 200mm 处；贮粪池溢流口下口不得高于溢流管出口；出料器主要由套筒与活塞组成。

若采用砖砌结构，其中池墙砌筑采用"活动轮杆法"，池盖砌筑采用"无模悬砌卷拱法"。

分离贮气浮罩沼气池标准图，见附图 20～32。

第九节　半塑式沼气池的施工技术

图 2-13 所示的半塑式沼气池的施工技术如下：

1. 开槽挖土　应在避风朝阳、土质坚实和地势较高处建池。开槽方式有两种：一种是先安装水封槽，后挖土槽；另一种是放线后先挖土槽，然后沿其边缘安装水封槽。

2. 池底施工　将池基夯实后铺碎石或块石垫层，厚 6～8cm，灌注 M10 水泥砂浆。

3. 浇注池墙　借用坑壁为外模，用红砖摆成圆形（不挂灰），距坑壁 100mm 做内模，浇注 C10 混凝土，砖模逐渐加高，分层浇注，直至高于地面 250mm 为止。一次浇成，次日脱去砖模即可。

4. 抹面与防水处理　用 1:3 的水泥砂浆抹 10mm 厚底灰，初凝时再抹一层 4～5mm 厚的 1:2 水泥砂浆，厚度要均匀。凝固 24 小时后，用纯水泥抹 2mm 厚密封毛细孔，这层为防潮层，要用木质抹子多压几次。第四层用 1:1 细砂水泥浆抹灰，厚度为 4mm。最后刷两遍水泥素灰和一遍水玻璃作为防水保护层。

5. 加工环形水封槽预制件　建池前按照图纸给定的尺寸，用木板或铁板做两个不同形状的模具：一个用来加工水封槽底部的预制件；另一个用来加工水封槽两侧壁的预制件。采用

C10 混凝土捣制成型,养护 3 天后使用。

6. 安装环形水封槽　槽底、槽内壁和槽外壁各有 16、16 和 19 块预制件,用 M7.5 水泥砂浆砌筑。然后抹平槽底和槽壁,灰层厚度为 5mm。刷水泥素灰两遍,养护 2～3 天。要注意的是,池体顶端的敞口边缘要与槽内壁预制件浇筑在一起,而且要翻卷到槽内壁预制件上。另外,环形水槽也可用砖混结构与池体一起施工砌筑制成。

7. 封盖　红泥塑料池盖铺在料面上,用编织带扎紧在水封槽内壁上的突起以下部位。其边缘要均匀地铺在水封槽平面上,用土或砂袋压住,踩实后加满清水封闭。安装好输气管和炉具,以待启用。

第十节　铁罐沼气池的制作

铁罐沼气池用 2.0～3.0mm 厚的钢板焊接而成。铁罐为圆柱形,卧置,容积为 2m³(直径为 1.14m,长 2m)。在罐体中部设有法兰盘的长方形口(长为 60cm,宽为 45cm),作为进出口。该口设盖,用胶垫和螺栓(M12)紧固密封。在盖上焊接铁管(DN20 管)作为导气管(参见图 2-14)。

条件较好的地方,罐体两端做圆头对焊或搭接焊。条件差的地方,两端可作平板搭接焊或平板直角两面焊,并外加 6 个铁夹子,必须保证焊接质量。焊好后用水压检测,做耐压试验,试验压力为 0.1～0.15MPa(1～1.5kgf/cm²)。如果采用气压检测,必须要有安全措施。

防腐涂料:铁罐内外必须涂防腐涂料,可采用防腐黑漆、环氧沥青漆、防酸沥青漆和氯磺化聚乙烯防腐涂料。

第四章　家用沼气池发酵工艺及其操作技术

第一节　沼气池的发酵工艺与操作技术

一个沼气池如何使用？如何管理？取决于该沼气池的发酵工艺。不同型式的沼气池,往往采用不同的发酵工艺。但是,同型式的沼气池也可采用不同的发酵工艺。所以,我们应根据各自的发酵原料种类、水源的丰缺、气温的高低、池型的种类以及施肥习惯等,选择适宜的发酵工艺及其配套的操作方法。

我国农村家用沼气池中,圆筒形、椭球形、半塑式和罐式沼气池都适宜采用常温发酵和以畜禽粪便为主、秸草为辅的发酵原料。除罐式外,其他沼气池也适用于单一粪便的发酵原料,不同点仅在于发酵液配制的浓度和进料方式。曲流布料和分离贮气浮罩沼气池,只能采用单一粪便的发酵原料。其中草帽浮罩式沼气池,由于草帽形的活动盖可随时开启清除浮渣,故也适用于多种发酵原料。下面分别介绍几种代表性池型的发酵工艺及其操作。

第二节　家用圆筒形沼气池均衡产气常规发酵工艺及其操作技术

本工艺技术能有效地提高冬季产气率,实现全年均衡产气,并从我国农村实际出发,制定了不同的发酵原料配比方案,便于各地选择应用。

一、本工艺技术全年的生产经济指标

(一)产气率

北方地区达到:每天 $0.15\sim0.2m^3/m^3$ 料液;$0.12\sim0.15m^3/m^3$ 池容积;$0.1\sim0.2m^3/kgTS$(TS 为总固体量)。南方地区达到:每天 $0.2\sim0.3m^3/m^3$ 料液;$0.15\sim0.25m^3/m^3$ 池容积;$0.25\sim0.35m^3/kgTS$。沼气甲烷含量达到 $55\%\sim65\%$。

(二)年产沼气总量

按照本工艺技术实施,在南方地区,$8m^3$ 水压式沼气池年产沼气 $500\sim550m^3$;$6m^3$ 水压式沼气池年产沼气 $360\sim450m^3$。

二、工艺流程

农村家用水压式沼气池宜采用半连续发酵工艺,单一原料或混合原料入池。

三、发酵原料的准备

(一)池容积的确定

根据人口和可利用的原料量选择沼气池容积。一个五口人之家,备 500kg 以上的秸秆,如养两头猪,可选 $6m^3$ 池;养三头猪,选 $8m^3$ 池。

（二）原料的准备

（1）新建沼气池和旧沼气池大换料前，必须准备好充足的发酵原料。尽量利用粪类原料，少进秸草，特别是干秸草类原料。

（2）秸草入池前必须铡短或粉碎，并适当堆沤。池外堆沤：可按秸秆重量称取 1%～2% 的石灰，兑成石灰水，均匀洒于秸草上；再泼上粪水或沼气池出料间的发酵液拌匀，湿度以不见水流为宜；料堆层层踩紧，堆好后盖塑料薄膜。如气温在 10℃ 以下，则塑料薄膜上应盖秸秆或草帘。堆沤时间长短，随季节不同而异，春夏季 1～2 天，秋冬季 3～5 天。当堆沤温度上升到 60℃ 时，应及时拌料接种，入池启动。切不可堆沤过度，损失能量过多。池内堆沤：参照下面有关方法进行。

四、发酵原料的配制

为了满足沼气微生物对营养元素的需要，沼气发酵液要进行合理配料。

（一）沼气发酵液浓度的计算

不同地区、不同季节、不同自然气候条件，要求发酵液浓度不同。沼气发酵液浓度按下式计算：

$$浓度 = \frac{原料重量 \times 原料总固体百分含量}{原料重量 + 加水重量} \times 100\%$$

（二）发酵液启动浓度

南方各省，夏天以 6% 合适，冬天以 8%～10% 为宜；北方各省，5～10 月，要求达到 10%。

（三）碳氮比

农村沼气发酵，适宜的碳氮比值是（20～30）：1。农村常用发酵原料不同浓度的配料比，各地可参照表 4-1 选用。

表 4-1　料液的配料比　　　　　　　　　　　　　　　　　　　　　　　　　（m³）

配料组合	重量比	6% 浓度		8% 浓度		10% 浓度	
		加料重量比	加水量（kg/m³）	加料重量比	加水量（kg/m³）	加料重量比	加水量（kg/m³）
猪粪		333	667	445	555	555	445
牛粪		353	647	470.5	529.5	588.2	411.8
骡马粪		300	700	400	600	500	500
猪粪：青杂草	1：10	27.5：275	697.5				
猪粪：麦草	4.54：1	163.5：36	800.5	217.4：47.8	734.8	271.8：59.8	668.4
猪粪：稻草	3.64：1	144.6：39.7	815.7	192.8：52.9	754.2	241：66.2	992.8
猪粪：玉米秆	2.95：1	132.8：45	822.2	177.3：60.1	762.6	221：75.1	703.9
牛粪：麦草	40：1	331：8.2	660.8	440：11	549	551：13.7	435.3
牛粪：稻草	30：1	318.5：10.5	671	424：14.1	561.9	530：17.7	452.3
牛粪：玉米秆	23.1：1	307.9：13.3	678.8	410：17.7	572.3	513.3：22.2	464.5
人粪：稻草	1.5：1	80：53	867	107：71	822	134：90	776
人粪：麦草	1.8：1	92：51	857	122：68	810	153：85	762
人粪：玉米秆	1.13：1	68：60	872	90：80	830	112：99.5	788.5
牛粪：骡马粪	随机混合	350	650	460	540	550	450

配料组合	重量比	6% 浓度		8% 浓度		10% 浓度	
		加料重量比	加水量 (kg/m³)	加料重量比	加水量 (kg/m³)	加料重量比	加水量 (kg/m³)
骡马粪：玉米秆	10.8：1	219：20.3	760.7	291.6：27	681.4	366：33.9	600.1
猪粪：人粪：麦草	1：1：1	49.5：49.5：49.58	851.58	66：66：66	802	82：82：82	754
	2：0.75：1	89.2：33.5：44.6	832.7	119：44.6：59.5	776.9	148：55.5：74	722.5
猪粪：人粪：稻草	1：1：1	50：50：50	850	66：66：66	802	83：83：83	751
	2.5：0.5：1	107.5：21.5：43	828	145：29：58	768	180：36：72	712
猪粪：人粪：玉米秆	1：0.75：1	53.8：40.4：53.8	852	71.8：53.8：71.8	802.6	89.7：67.3：89.7	753.3
	2：0.2：1	100：10：50	840	134：13.4：67	785.6	167：16.7：83.5	732.8
猪粪：牛粪：麦草	3：1：0.5	159：53：26.5	761.5	211.8：70.6：35.3	682.3	264：88：44	604
	5：1：1	155：31：31	783	210：42：42	706	260：52：52	636
猪粪：牛粪：稻草	3.5：1：1	126：36：36	802	169.8：48.5：48.5	733.2	212：60.5：60.5	667
骡马粪：人粪：玉米秆	3.29：0.5：1	127.5：19.4：38.8	814.3	170：25.8：51.7	752.5	212.5：32.3：64.6	690.6
骡马粪：猪粪：玉米秆	3：1.52：1	107.7：54.6：35.9	801.8	143.7：72.8：47.9	735.6	179.7：91：59.9	669.4

注：①鉴于农村沼气发酵的实际情况，本配料比一般为近似值。

②本配料表按碳氮比(C：N)为(20～30)：1进行计算，一般精确到10^{-1}，计算中用了总固体(TS)、碳氮比(C：N)两个参数，同时考虑到了产气潜力。如青杂草用量过大，应适当铡成短节。本配料表中的秸秆均为风干态。粉碎秸秆入池，只预混湿不堆沤。秸秆如经堆沤，碳氮比率会降低，应适当增加用量。当秸秆用量＞70kg/m³时，提倡粉碎后拌料，使秸秆充分吸涨水分之后，再入池。提倡池内堆沤。

③按本发酵工艺操作技术要求加入接种物时，实际加水量，需从本表配料比加水量中减去与接种物同体积的水的重量。

配制发酵原料适宜的碳氮比，首先要弄清入池原料的碳氮比。如粪类为富氮原料。鲜猪、牛粪的碳氮比分别为13：1和25：1。而以含纤维素为主的秸秆类原料为富碳原料。干麦、稻草的碳氮比则分别为87：1和67：1。其次，要分析入池原料的特性。如富氮原料分解产气速度快，但贮能量少；富碳原料分解产气速度慢，但贮能量大。有鉴于此，在配料入池时，要特别注意三点：

一是分解产气速度快的料与分解产气速度慢的原料要合理搭配使用；二是富碳原料与富氮原料要合理搭配使用；三是贮能大的原料与贮能小的原料要合理搭配使用。这样才能保证沼气池在发酵期中持久均衡而充足地产气。

当粪便和秸秆混合启动时，若使用的粪便重量小于秸秆重量一半以下，可以按每m³发酵料液加入1～3kg碳酸氢铵或0.3～1kg尿素以调整发酵料液碳氮比，提高产气量。

五、沼气池的启动

从向沼气池投入发酵原料和接种物开始，直到所产生的沼气能够正常燃烧为止，这个过程叫启动。

（一）接种物的收集

阴沟污泥、湖泊与塘堰沉积污泥、正常发酵的沼气池底部污泥和发酵料液，以及陈年老粪坑底部粪便等，均富含沼气微生物，特别是产甲烷菌群，都可采集为接种物。

(1)新池投料或旧池大换料，应加入占原料量30%以上的接种物，或留10%以上正常发酵的沼气池底部沉渣，或用10%～30%的沼气发酵料液作启动接种物。

(2)若接种物需要量大，当地又难获取，可进行扩大培养。其方法是将所选取的接种物，按上面所提出的用量比例，加入发酵原料中，厌氧富集培养。每天搅动一次，直到所产气体的甲烷含量达到50%以上或能正常燃烧，即可使用。如一次扩大培养仍不够用，可继续扩大培养，直到满足需要为止。

(3)新建沼气池，又无法采集接种物，可用堆沤10天以上的畜粪或陈年老粪坑底部粪便作接种物。用量仍占原料量的30%以上。作者的经验认为：牛粪既是一种很好的接种物，又是最好的启动发酵原料。

（二）入池堆沤

将铡短或粉碎并经池外堆沤后的作物秸秆铺在沼气池旁空地上，与粪类原料、接种物和适量的水搅拌均匀。用水量以淋湿不流为宜。如果没有拌料的地方，可在池内分层加料，分层接种。每层厚度不超过30cm。将拌匀的发酵原料，从沼气池顶部活动盖口加入。除纯粪类原料外，无论拌料入池还是分层入池，都要层层踩紧压实。池内堆沤过程，切忌盖活动盖。如遇降雨或气温太低，在活动盖口可覆盖一遮蔽物。待晴天或气温回升后，及时敞开活动盖。

（三）加水封池

(1)池内堆沤到发酵温度60℃左右时，分别从进、出料口加水，最好用粪水、污水或其他沼气池的沼液。总加水量应扣除拌料时加入的水量。

(2)启动投料量，按容积计算，三结合沼气池的投料量占池容积70%～80%；非三结合的沼气池，一般占池容积80%；最大投料量占85%～90%。余下部分为气箱容积。如原料暂时不足，其最小投料量必须超过进、出料管下口上沿15cm，以封闭发酵间。

(3)加水完毕，即用pH试纸检查发酵料液酸碱度。当pH值在6.5以上时，即可封池。pH值在6左右，可加适量草木灰、氨水或澄清石灰水调整到7左右再封池。沼气发酵适宜的pH值为6.8～7.6。

调整pH所添加的物质，切忌过量。一般不采用加水稀释的办法来调整pH值，以免降低发酵液浓度。

(4)封池后，及时将输气管道、压力表、开关和灯、炉具安装好，并关闭输气管上的开关。

（四）放气试火

(1)封池后，当压力上升到3～4kPa(30～40cm水柱)时，开始放气。第一次排放的气体主要是二氧化碳和空气，甲烷含量很少，一般点不燃。当压力再次上升到2kPa(20cm水柱)时，进行第二次放气，并开始试火。如果能点燃，说明沼气发酵已经正常启动，次日即可使用。按本规程启动的沼气池，一般封池一、二天后，所产生的沼气即可供燃烧之用。

(2)放气试火，应在灯、炉具上进行。

六、沼气池的运转

沼气发酵正常启动后，直到大出料停止运转，这段时间为沼气发酵运转阶段。运转是否正常与日常管理工作密切相关，直接影响到沼气质量和产量。这一阶段的主要任务是维持沼气池的均衡产气。

（一）适时添加新料

（1）非三结合的沼气池，启动运转 30 天左右，当产气量显著下降时，应及时添加新料。要求 5～6 天加料一次，每次加料量占发酵料液量的 3%～5%。在此量范围内，冬季宜多、宜干（可以 8～9 天加料一次）。加秸秆应先用粪水或水压间的料液预湿、堆沤。

（2）三结合沼气池，从启动开始便可陆续向池内进料。但应对每天进料量作一估计，当累计进料量达到池容积的 85%～90% 时，开始出料。若进料量不足，应补加青草、铡短或粉碎的作物秸秆，以及其他发酵原料。

（3）添加新料时，切忌加大用水量，以免降低发酵浓度，影响产气效果。

（4）进出料原则是，先出后进，进出料量体积相等。

（5）正常运转的沼气池，切忌只进料不出料，以免因料液过满造成用气时发酵液进入导气管内而发生堵塞现象。

（二）搅拌

（1）设有人工搅拌装置的沼气池，每天定时搅拌一次，每次 5 分钟。无搅拌装置的沼气池，可用长柄竹木器具从进、出料口伸入池内来回搅动，每天一次，每次搅拌 20～30 下；或由水压间取出料液，又从出料口冲入，每天一次，每次 150～250kg。在冬季，无论搅拌、搅动或冲动，宜选择晴天，每 3～5 天进行一次。若每天循环冲动一次，会使产气量下降。

（2）浮渣结壳严重的沼气池，应打开活动盖，破坏结壳层，并插管 5～10 根，插管直径为 5～20cm。插管应高出发酵液面，上端捆成多边形或三角形架，固定于池中。插管，南方可用破开的竹管或用竹编织的导管；北方可用高粱秆或玉米秆捆成束。插管也可在装料时进行。

（3）在沼气池正常运转过程中，突然大量更换、添加原料，或连续投入大量青草，都可能导致发酵原料过酸，造成产气量下降，或气体中甲烷含量减少。

（三）保温增温

除在建池时采取保温、增温措施外，可因地制宜选择以下方法：

（1）利用太阳能提高池温。如在沼气池上搭塑料棚或采用简易太阳能热水器增温。

（2）添加铡短或粉碎并经适当堆沤的作物秸秆、骡粪、马粪、羊粪、蔗糖、酒槽等其他酿热性原料，以提高发酵温度。

（3）在沼气池上搭保温棚或设置土温床；在沼气池上堆肥或堆沤发酵原料。无论哪种方式，所占地面积都要大于池体面积。在北方，三结合沼气池，要在畜圈、粪坑或人畜粪便入池口搭保温棚，以防入池粪便冻结。

（4）在沼气池上堆放作物秸秆。其厚度要超过冻土层厚度，宽度要大于池体周围 1～1.5m。在东北，所堆秸秆下层要垫 30～60cm 的软碎物质。如机械收获所得作物茎、叶碎渣，或稻壳、麦壳、草根、树叶等。

（5）有条件的地方，可在沼气池体周围挖宽 0.5～1.0m、深超过冻土层厚度的环形沟。其内填充骡马粪或其他软碎物质；并在池体上堆放作物秸秆。

七、沼气池的大换料

（1）我国农村家用水压式沼气池，每年大换料一至二次。大换料时间要与农事集中用肥季节相适应。南方一般在春季和秋季大换料两次；北方一般在春季大换料一次。

（2）无论南方或北方，在寒冷季节（当气温、池温均在 10℃ 以下），若无保温设施，不宜大换料。否则，启动不好，影响产气效果。

（3）非三结合的沼气池，只要实行秋季一年一次大换料，投料容积 75%～80%、启动浓度 10%，加强越冬管理；次年春夏期间数月内不再添加原料；夏秋期间则视其产气情况，每月添料 1～2 次，就能实现全年均衡产气。

（4）先备料，后出料，大换料前 10 天左右停止进料。

（5）大出料时，要留 10% 以上的池底沉渣或 10%～30% 的发酵料液，作重新投料启动的接种物。

八、沼气池的安全技术

（一）安全发酵

（1）严禁向沼气池投放剧毒农药、各种杀菌剂，以及对沼气发酵过程有影响的抑制剂，以免使正常发酵遭到破坏，甚至停止产气。一旦出现这种情况，应将池内发酵料液全部清除，冲洗干净，重新投料启动。

（2）禁止将电石入池，以免引起爆炸事故。

（二）安全管理

（1）菜籽饼、棉籽饼、过磷酸钙等入池后易产生有毒的磷化三氢气体，故不宜入池。

（2）沼气池进出料口必须加盖，要防冻、防干。每次进出料后及时将盖子盖好，以防人畜掉入。

（3）每口沼气池都要安装压力表，监测池内压强，避免池内压强超过设计标准规定的最大压强或出现负压时造成池体破裂。

（4）日常进出料时，做到缓进缓出，出料时停止用气。

（5）经常检查输气系统，检查开关，接头是否畅通，是否有破损。导气管发生阻塞，应及时排除，以免池内压强过大而造成池体裂损。发现漏气，要及时打开门窗，或采取鼓风措施，使室内空气流通。排除大量沼气后，才能点火。沼气灯、炉具不要靠近易燃物品。使用时，先点燃引火物，再打开开关点燃灯、炉具，防止发生火灾。严禁在导气管上直接点火，以防爆炸事故。

（6）在输气管道的适当位置安装凝水瓶，适时排除冷凝水，防止冷凝水堵塞输气管道。

（三）安全入池出料和维修

（1）人员入池前，池外必须有人监护。先把活动盖和进出料口盖揭开，敞 1～2 天，尽量清除池内料液，并向池内鼓风，排除残存的沼气。再用鸡、兔等小动物试验，如无异常现象发生，方能入池。入池人员，必须系安全带。若入池后有头晕、发闷的感觉，应立即救出池外。严禁单人操作。

（2）入池操作，可用防爆手电筒照明，切忌用油灯、火柴或打火机等明火照明。

（3）大出料或维修旧池时，池内、外严禁烟火。

第三节 曲流布料沼气池发酵工艺及其操作技术

一、曲流布料沼气池的特点

曲流布料和贮气浮罩沼气池的日常出料采用了唧筒式出料器的出料方式。特别是曲流布料沼气池,为了延长发酵原料在池内的发酵时间,增设了布料板和塞流板等设施。若将难于腐烂的秸草投入池内,必将引起堵塞,致使沼气池无法正常运行。所以,只有采用单一粪便作为发酵原料,才能充分发挥这两种沼气池形的发酵原料利用率好、池容产气率高和进、出料方便等特点。

二、发酵工艺及其操作技术

曲流布料和贮气浮罩沼气池基本沿用了圆筒形沼气池均衡产气常规发酵工艺及其操作技术。其不同之处如下:

（一）发酵工艺

利用人、畜、禽粪便为单一发酵原料的常温连续发酵工艺。

（二）发酵原料的准备

在沼气池启动和大换料阶段,要准备牛、马、羊粪和少量经过粉碎、堆沤的秸草用于调节以人、猪和鸡粪为主要发酵原料的碳氮比。大批量粪便一次性入池时,必须进行堆沤处理(添加适量的熟石灰),如启动时,多采用池内堆沤;大换料时采用池外堆沤。切记不要在"四位一体"模式的温室大棚内堆沤发酵原料,以防产生的氨气使作物受害。此阶段的发酵液浓度以 4% 为宜,可防止料液酸化。

（三）使用与管理

1. 勤进料、勤出料 这两种沼气池按连续发酵工艺操作,即进、出料要求天天进料、日日出料;出多少进多少。

2. 回流搅拌 除在中心管用木棍适当搅拌池底沉渣外,将水压间或贮肥池的料液,不时倒回进料口,其效果更好。

3. 调节酸碱度 单一的人、猪或鸡粪便入池,发酵液易发生酸化现象。所以,不时将人、畜粪便拌入草木灰或添加适量的石灰水,对维持发酵液的酸碱度在正常范围内是有益的。

第四节 半塑式沼气池发酵工艺及其操作技术

一、半塑式沼气池

带有进料管和出料间的半塑式沼气池,常采用上述的水压式沼气池均衡产气常规发酵工艺及其操作技术。对于不带进料管和出料间的半塑式沼气池,由于多在北方地区使用,常采用批量进料、高浓度(干物质浓度 20%)发酵工艺。

二、发酵工艺及其操作技术

（一）发酵原料的准备

(1)选取接种物。

（2）猪、牛、马、鸡粪和人粪尿均可。沼气发酵启动时,以用牛、猪粪为宜。

（3）干秸草需铡短为 17cm 左右,加石灰水拌湿后加入 1/3 的接种物,在池外堆沤 3～5 天,使秸草软化即可。每 m³ 进料量中约需 100kg 干秸草。以上各原料的体积比为粪：沤秸草：接种物=2：1：1。

（二）沼气池的启动

（1）一半粪便和一半堆沤后的秸草拌和后,放入池的下部踩实。

（2）将余下的粪便、堆沤后的秸草和接种物拌和后,放入池的上部踩实,再堆沤 1～2 天。

（3）当池内发酵原料堆沤温度升到 50～60℃,立即加入老沼气水和污水,并没过料 10cm 左右,全池干物质浓度为 20%。

（4）加红泥塑料罩密封。

（三）使用与管理

要使沼气池产气正常,在管理技术上应注意以下几个方面:

（1）保持池体不渗不漏,检查塑料池盖、输气管和水封槽,发现漏气,及时处理。

（2）新池投料后,可能遇到两种情况:长时间不产气和有气点不着火。第一种情况的原因是发酵液过碱或过酸造成的。特别是大量植物原料投入后容易变酸;亦与温度达不到有关。有气点不着火的原因,主要是接种物少而原料过多,因而在发酵产生的气体中二氧化碳比较多。为此,新池第一次投料必须注意接种。

（3）产气后塑料池盖鼓不起来。首先检查水封槽里是否装满水。其次检查池盖是否被扎破。可采用 5% 的醋酸铅溶液涂抹在池盖上检查。该溶液本身无色,但遇到沼气中的硫化氢即变成黄色。发现漏处及时粘补。

（4）半塑沼气池对气温敏感,要注意防寒保温。最好与温室(塑料棚)相结合,可延长使用期。

（5）浮渣的防止与处理。发酵 30 天后可能出现轻微浮渣和结壳,影响沼气的产生和逸出。应及时揭开池盖捣碎结壳或在池盖上加重物将池内浮渣压到水面以下,次日可正常产气。

（6）红泥塑料膜修补方法。红泥塑料池体和池盖如遇机械损伤或热合不牢,可用二氯乙烷和过氯乙烯树脂配成胶粘液,剪一块红泥塑料膜粘补即可。

第五节　铁罐沼气池发酵工艺及其操作技术

一、发酵工艺及其操作技术

铁罐沼气池采用批量、干发酵工艺,其操作方法如下:

（一）接种物的准备

选择在经常产气泡的沤肥坑或污水坑,挖取底部污泥,作为接种物。每个沼气池约需 350～400kg,或取沼气池的老沼渣 350～400kg。

（二）沼气池的启动

原料选取牛马粪为宜。一个沼气罐约需 1000～1250kg 原料和接种物混拌均匀,干物质浓度约 20%～25%,在池外堆沤,加盖塑料布保温。待温度升至 40～50℃时,投料封盖。原料碳氮比限制在 20～30：1。有机碳的含量切不可过高。

二、原料配方及接种方法

(1)鲜牛粪、马粪、猪粪、鸡粪,配比为 5∶2∶1∶0.5。干物质浓度为 30%。1/2 原料在罐下踩实不接种;用 1/8 的老沼渣接种另外 1/2 原料,放在上部拌匀踩实,留 0.3m³ 气箱。

(2)鲜牛粪干物质浓度 20%。接种方法同前。

(3)鲜马粪干物质浓度 25%。接种方法同前。

(4)4 份重猪粪、1 份重玉米秸,干物质浓度 20%。1/2 原料在罐下踩实不接种;用 1/4 的老沼渣接种另外 1/2 原料,放在罐上部拌匀踩实,留 0.3m³ 气箱。

(5)牛马粪和玉米秸的处理和接种方法同前。

(6)牛粪干物质浓度 20%。用原料量的 1/4 老沼渣全部接种,均匀踩实,装满料,出口处垫干草。

第五章　家用沼气池的病态池修复

第一节　主要病态池及其问题

一、主要病态池

从调查的情况来看,"病态池"主要是指有"病态"的水压式沼气池。这不仅是水压式池推广数量最多,还因它的建池技术比较复杂,对质量要求高,使用管理有一定要求所致。所以,对家用沼气池的池型、建造、启动和管理的每个环节都必须按一定的"标准"和"规程"去办,才能保证其长期稳定、安全地发挥效益,为民造福。否则,沼气池变成了"受气池"。这点各地都有不少的经验教训。可见,如何经济、有效地改造和修复"病态池",对巩固和发展农村沼气建设的成果具有重要意义。

二、病态池的主要问题

"病态池"反映出的问题不外乎是漏水、漏气和不产气。准确查找"病症"在沼气池中发生的部位及严重程度,以及如何改造和修复,是下面要分别介绍的内容。

第二节　沼气池漏水

一、产生的原因

沼气池漏水多数是由于建池地基选择和处理不当,以及进、出料管搭接处或与池墙结合部位密封与强度不够。当池体装满料后,地基下沉,往往将进、出料管(特别是在与池墙结合处)折断而产生严重漏水。也有因砖块砌筑池墙时,没有满浆,或水泥砂浆被覆时没有压紧,造成孔隙而产生渗漏。

二、检查及修复

严重漏水的沼气池容易觉察。一般池内液面下降到某一水位时,不再下降,其漏水处也大致在这一水位线附近。查到裂缝处,采取相应的常规措施,加固修复即可。为了彻底清除池体地基下沉的隐患,可将此"病态池"改成中心吊管或双管顶返水水压式沼气池(参见图2-6)。把进出料两根斜管改为双直管,即把管子沿池墙内壁直接垂直安放在池顶,这样就可以防止裂缝的产生。再把水压间设置在池顶上部,利用水压间里的料液使池顶部混凝土经常处于湿润状态,同时达到了水封不漏气的目的。

对于池体渗水的现象,一般难以发现,往往可以不管。因为使用时间长了,细小的空隙会被池内料液的粪渣和纤维等杂物堵住。当然这种处理方法,对于新建沼气池的施工验收是不适用的。

第三节 沼气池漏气

一、产生的原因

实践证明,造成沼气池不能用的主要原因,是沼气池本身漏气。大家知道,沼气池密封性能的好坏是沼液发酵产气的首要条件。20世纪八十年代以前,我国沼气池建池材料大多是二合土和三合土,后来虽然改用混凝土,但仍属于多孔性材料。水泥完全水化后的空隙为1.5~3nm。而甲烷分子的棱边长只有0.25nm。这样,混凝土的空隙大于甲烷分子6~12倍。甲烷分子又比空气分子的运动速度要快好几倍,因此,特别容易出现渗漏。加上池型不合理和建池质量没有保证等原因,更增加了漏气的可能性。这就使许多沼气池出现"一年好,二年漏,三年不能用"的状况。

二、探索与实践

为了改造这种沼气池,人们曾经想了不少办法,特别是在沼气池的涂料上花了很大气力。比如采用水泥砂浆、猪血、米汤、石蜡、水玻璃、乳胶、沥青等作为涂料改造沼气池壁。这虽然有一定效果,但在使用寿命上都没有能很好地解决问题。后来,广大沼气工作者突破旧框框,经过试验后发现,利用水把这些多孔性材料的无数空隙堵住,或者在关键的集气部位采用少量钢板或塑料等材料,可以大大提高沼气池的密封性,走出了一条具有中国特色的新路子。

三、几种有效的方法

(一)集气罩法

这是上海科学技术协会研究成功的。方法是使发酵池和气箱分离。用一个密封性能好的钢板或者塑料制成的集气罩(高40cm),安放在发酵池顶部改建的环形水槽里;原活动盖用碎石架起一缝隙,使料液能通过而浮渣被阻挡在池内。借料液形成的水封使罩内外气体隔绝(图5-1)。池里的发酵料液应加到集气罩高度的2/3,使沼气池池体内部结构(不论是混凝土、砖或者三合土等)全部浸没在料液里。这样,就可以有效地杜绝池体本身漏气,使池里产生的沼气全部通过集气罩送入新建的、放置在水压间内的浮罩内储存起来,然后送入灶具使用。

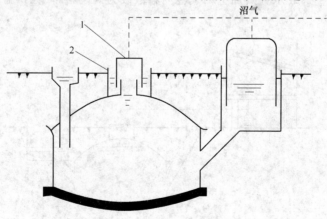

图5-1 集气罩法示意图
1. 集气罩 2. 环形水槽

（二）顶盖水封法

这是湖南省沼气研究部门提出的一种不改变原水压式池型的简便易行的方法。具体方法是：首先挖开沼气池上面的全部覆土；在池的上圈梁上，用二合土或三合土打成一圆柱形的截水墙；再在沼气池上铺上5cm厚的碎砖石或粗砂构成的布水层；最后把挖开的覆土恢复原状，压实，同时埋入一条补水管（图5-2）。使用的时候，要经常往补水管里加水，使池上盖的水泥结构或者其他结构经常处于湿润状态，以达到不漏气的目的。

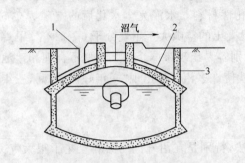

图5-2 顶盖水封法示意图
1.补水管 2.布水层 3.截水墙

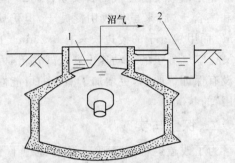

图5-3 大帽盖式沼气池
1.帽形罩 2.出料间

（三）大帽盖式沼气池

这是由中国农业工程研究设计院研制的。它将原水压式沼气池改造成一种满装料的分离浮罩式沼气池。具体说，就是把原来活动盖直径加大到100cm；用一个80kg重的混凝土帽形罩盖在池口上。帽形罩把沼气池产生的沼气收集起来，通过输气管输送到置于出料间内的贮气浮罩内。由于整个沼气池的上盖和收集沼气的帽形罩全部浸泡在料液中，所以，也能起到水封不漏气的作用（图5-3），而且大出料比较方便。

（四）贮气袋法

这是一种简单的利用贮气袋改造病态池的方法（图5-4）。只在原池的输气管与炉具之间增加一个具有加压装置的贮气袋即可。这样，原沼气压力由6～10kPa（60～100cm水柱），下降到0.4～0.6kPa（4～6cm水柱）；加上沼气池内料液改为满装料，使池拱盖的水泥结构全部浸

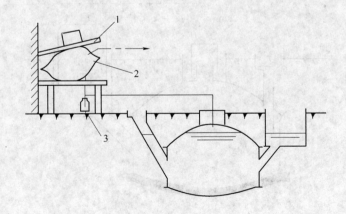

图5-4 贮气袋法示意图
1.压板 2.贮气袋 3.瓶式排水器

入料液中,有效地防止了沼气的渗漏。需要注意的是:

(1)贮气袋的材料,一般选用红泥塑料袋或较厚的聚氯乙烯袋。

(2)从气袋到炉具之间的输气管直径,要加大到 14~16mm。而且管子长度不超过 2m。

(3)沼气炉具应改用北京-5 型的低压炉具。如用北京-4 型炉具,须加大引射孔直径才能使用。

第四节 沼气池不产气

一、沼气池不产气的一般情况

沼气池不漏水、也不漏气,就是不产气,或产气量很快减少。这种情况在一些农村中并不少见。这主要是缺乏沼气技术知识和管理使用不当所致。具体原因已在前面沼气发酵的各种影响因素中作了介绍。但是,在实际中反映出的现象却是多种多样,有的甚至意想不到。

二、沼气池不产气的特殊情况

(一)农药的影响

为了灭蝇,用"敌敌畏"和"1605"农药喷洒过的粪便入池后,致使当日有气点不着火,或不久停止产气。

(二)辛辣物进池影响发酵

将带有葱蒜、辣椒及韭菜、萝卜等的秸秆和烂叶作为原料投入新建沼气池内后,竟数月不产气。后打开活动盖,捞出此类叶、秆,并加入部分猪粪和接种物,封池启动后,三日后开始产气。

(三)投入猪粪不产气

产气正常的沼气池,投入从别处拉来的 100kg 猪粪后,产气量不但不增,反而迅速下降。经检查,原来别处的猪吃了蒜苗、蒜叶和韭菜。后来停用此粪,沼气池才逐步恢复正常。

(四)牛粪入池不产气

以牛粪作发酵原料的沼气池,封池后迟迟不能产气。经分析,山区的牛以草食为主,粪中含氮量偏少,碳氮比失调。后加入碳铵,增加氮素,搅拌后封池,很快产气。

(五)电石、洗衣粉不能入池

有的地方以为池内放些电石也能产气点燃,结果正相反。原产气的池也停止产气了。用洗衣粉洗衣的水同样不能入池。

(六)红薯渣用量不当

红薯是北方,特别是华北地区的主要农作物之一。每年有大量的薯渣可供农户使用。但红薯渣是一种酸性很强的发酵原料。薯渣过多,会使发酵液变酸,不仅产气少,而且只产气、点不着火。此时,应添加适量的石灰水或更换发酵液,并增加搅拌,使 pH 值上升到 6.5 即可封池,开始产气。如果沼气池 pH 值在 8 以上,证明池内发酵液已为碱性。此时可加适量的红薯渣,调节 pH 值。可见,红薯渣既可作发酵原料,又是一种 pH 值调节剂,但使用时一定要适量。

以上介绍的三方面改造和修复病态池的技术方法,都有一定的局限性,一定要根据当地的发酵原料、池型、气候、土质以及价格、用肥习惯和技术水平等条件,因地制宜加以选用。只有这样,才能收到比较理想的效果。

第六章　提高农村家用沼气池产气量的措施

第一节　家用沼气池使用中存在的主要问题

目前农村家用沼气池效益偏低,一般沼气池的年产气量在 200m³ 左右,而且产气不均,夏季用不完,冬季不够用。如果按本书所提供的操作技术,就能解决这个问题。然而,在我国农村家用沼气池的使用中,实际存在着三个方面的问题:一是,沼气池渗漏气比较严重;二是,日常管理跟不上要求;三是,畜禽饲养量较少。另外,以秸秆为主要原料的沼气池,因秸秆进料困难,一般做不到日常及时补料。

第二节　提高家用沼气池产气量的措施

根据商丘地区能源研究会对 1000 口沼气池的观察,以及其他地方的经验,采取下面几种措施效果良好。

一、沼气池发酵原料干物质浓度的控制

沼气池发酵原料干物质浓度、温度是决定产气多少的主要因素。在同等温度下,浓度高,产气率一般就高。在相同的浓度时,温度越高,产气率也越高。所以,农村家用沼气池,春季进料,因温度越来越高,干物质浓度应控制在 8% 以内;秋季换料是池温最高时期,启动浓度应控制在 6% 以内,补料的浓度以 8%~9% 为宜。入冬前的大换料,池温越来越低,装料方法要得当。启动浓度以达到 10%~12% 为好。

二、充分利用秸草适时进行三换两补料

采用沼气常温发酵,每千克秸草能产生 0.1m³ 左右的沼气。五口之家每天需要沼气 1.2~1.5m³,需要消化秸草 12~15kg。为了充分利用秸草,一年要进行三次大换料、两次大补料,才能保证全年 2000~2500kg 的秸草入池。根据经验,应在麦收前、种麦前和入冬前进行三次大换料,在 7 月和 11 月进行两次大补料。这样,不仅效益显著,而且还能肥、气兼顾。如果入冬前的大换料不进行,种麦前(9 月)的大换料拖到第二年 5 月,时间长达 8 个月,而且 9~12 月池温较高,原料已进行了充分分解,春天气温又较低,就不可能产气多。这是目前沼气池冬季、春季效益不高的主要原因。所以,入冬前进行一次大换料,年产气量可增加很多。

三、采用合理的进料方法

秸草原料的预处理很关键。将秸秆铡成约 3cm 长,均匀喷洒石灰水进行堆沤,待草堆内温度上升到 40℃ 以上,再与畜粪混合作日常进料用。冬季最好是将秸秆与畜粪混合后堆沤,待堆内温度上升到 50℃ 以上即时入池,有利于提高池温。如粪便不足需调节碳氮比,应适当地加些碳铵或尿素。加水最好是污水。

四、沼气池体的保温

在东北地区,将沼气池建在屋内或种菜的日光温室内(图 6-1)。平时还可向池内加烧饭、

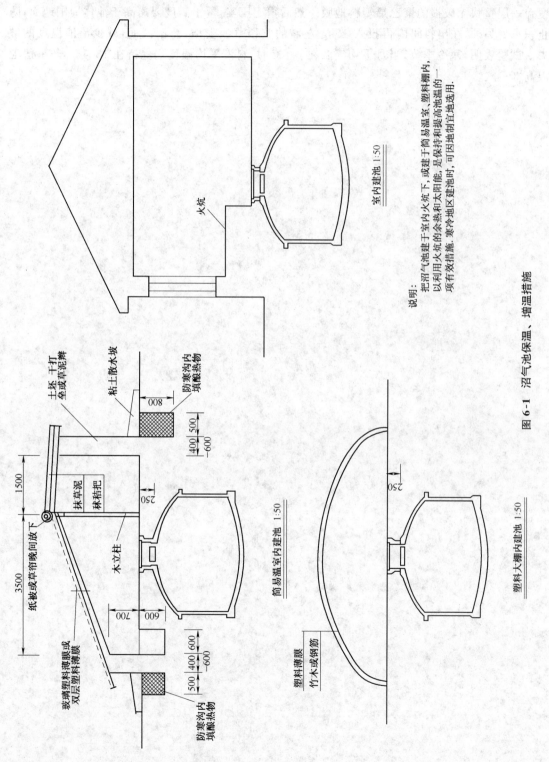

室内建池 1:50

说明:把沼气池建于室内室内火炕下,或建于简易温室、塑料棚内,以利用火炕的余热和太阳能,是保持和提高池温的一项有效措施。寒冷地区建池时,可因地制宜地选用。

简易温室内建池 1:50

塑料大棚内建池 1:50

图 6-1 沼气池保温、增温措施

洗碗的余热水。一般池内发酵温度可达 15℃左右。下面介绍一种在华北地区采用的池体保温措施,即"池顶塑布覆盖法"。此法简单易行,投资少。具体做法是:在沼气池顶部,挖去表土层,深度为 15~20cm。先用聚乙烯塑料地膜盖一层,上面均匀压一层细干土,厚 10cm。土上面,再覆盖一层整块无破损的聚乙烯塑料地膜。然后覆土压实,覆土高度要略高于池体周围地面,防止积水。另外,在出料间内再投入 15kg 左右的整稻草或麦秸,浮于液面,减少沼液温度的散失。试验表明,寒冷季节,当月平均气温在 6.8℃时,料液平均温度仍保持在 13.4℃,较一般池温高 3~4℃。

第七章　家用沼气池的配套设备

家用沼气池的配套设备有灶具、灯具、输气管（包括导管）线、脱硫器、凝水器、压力计、三通和出料机具等。随着沼气事业的发展,我国家用沼气池配套设备的品种与质量经过了一段由少到多、又由多到少的"驼峰形"发展。一批效果好、经济实用的配套设备在全国各地得到推广,受到农户的欢迎。现将各种配套设备及有关问题作一介绍。

第一节　沼气灶具

一、灶具发展概况

1983 年以前,沼气灶具的发展基本处于自发状态。就材质而言,有陶土的、竹管加陶土的、搪瓷的、铸铁的和各种金属的,谈不上什么技术指标。1983 年以后,由于制定了《沼气家用灶标准》,对灶具的材质、结构、灶前压力、热负荷、热效率和烟气中一氧化碳含量等都规定了技术标准。从此,沼气灶具的研制与生产走向了科学发展的轨道。目前灶具的材质,多数为铝合金铸造或钢板冲压而成的燃烧器。灶架多为铸铁,少部分采用喷漆或搪瓷灶面。不锈钢灶面的双眼灶受到富裕地区农户的欢迎。

燃烧器火孔形式各异。北京-4 型(图 7-1)、北京-5 型灶为密植火孔,TJ-1 型(图 7-2)为辅助火孔,营口 C-7 型(图 7-3)为缝隙火孔。燃烧器火盖有固定式与活动式两种,后者便于更换。

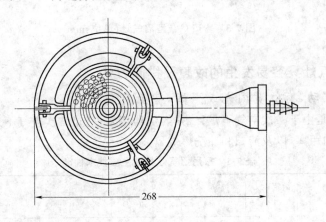

图 7-1　北京-4 型沼气灶(单位:mm)

几种沼气灶具的主要性能见表 7-1。其中,北京-5 型灶和沈阳微压灶属于低压灶具,专门为半塑式沼气池配套用。

二、灶具的结构

大部分沼气灶具,都属于大气式燃烧器。由喷嘴、调风板、引射器和头部等四部分组成。打开灶具前的开关,具有一定压力的沼气从喷嘴喷出以后,在引射器内与引射进来的部分空气(也叫做一次空气)充分混合,再与燃烧器头部火孔四周的部分空气(也叫做二次空气)混合,然

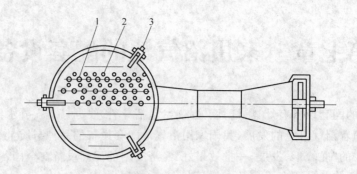

图 7-2 TJ-I 型沼气灶

1. 主火孔 2. 辅助火孔 3. 活动支撑

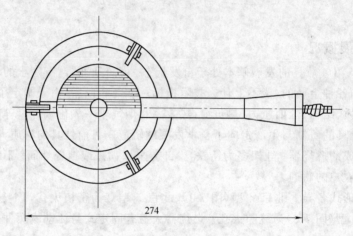

图 7-3 营口 C-7 型沼气灶(单位:mm)

后燃烧。

三、使用沼气灶具容易发生的故障及排除方法

(一)火焰摆动,有红黄闪光或黑烟,甚至有臭味

这种故障,一是由于一次空气不足;二是燃烧器堵塞;三是二次空气不足。排除的方法:加大喷嘴和燃烧器的距离,以及清扫和冲洗燃烧器。

表 7-1 家用沼气灶具的主要技术性能

灶 具 名 称	额定压力(Pa)	热 负 荷		热效率(%)	CO(%)	备　　　注
		(kW)	(kJ/h)			
国 家 标 准	800 1600	2.78 3.26	8368 10041.6 11715.2	55	0.1	
北京-4 型灶	850	2.78	10041.6	>55	<0.1	当压力为 400Pa 时,能达到 70% 的设计热负荷
北京-5 型灶	200	2.78	10041.6	>55	<0.1	
TJ-1 型灶	1500	2.78	10041.6	>55	<0.1	火盖为耐火陶土,耐腐蚀性较好

灶 具 名 称	额定压力 (Pa)	热 负 荷		热效率 (%)	CO (%)	备 注
		(kW)	(kJ/h)			
营口 C-7 型灶	1150	2.80	10108.5	>55	<0.1	锅支架可调节,适用于各种锅型
浙江镇海 ZHR-1 型灶	850	2.55	9204.8	>55	<0.1	
沈阳微压灶	100	2.84	10229.9	>55	<0.1	
JZZ2-1 型电子点火双眼灶	1600	2.78	10041.6	>55	<0.1	电子打火命中率大于80%
		3.26	11715.2			

（二）火焰过猛,燃烧声音太大

这是因为一次空气过多,或者灶前沼气压力太大。解决的办法是关小空气调风板或灶前开关。

（三）火焰脱离燃烧器

这是因为喷嘴堵塞,沼气压力太低,因此一次空气过剩,或者沼气中甲烷含量太少,热值降低。解决的办法是关小空气调风板,设法提高灶前沼气压力,或者向沼气池内添加一些新料。

（四）火焰大小不均匀或有所波动

这主要是燃烧器堵塞或是燃烧器的喷嘴没有对中造成的。管子里有水也会引起火焰波动。需要重新安装喷嘴或排除管子凹处的积水。

（五）燃烧器点不着

这要检查是不是管子折叠或堵塞,沼气过不来,或者房间里通风不良,氧气不足造成的。如为前者,需要理顺管子或清除管内杂物;如为后者,需要打开通往室外的窗门。

（六）开关上的栓转不动,开度不够

这是由于栓帽压得太紧或者缺油造成的,需要松动栓帽或加油润滑。

四、提高燃烧效果的几种方法

（一）用开关来控制灶前压力

大多数水压式沼气池的特点是,产气时池压升高,用气时池压降低。池压的变化使得用气的整个过程中,灶前压力都在波动。这就要用开关来控制。一般来说,使用压力高于灶具的设计压力,热效率就低。例如,北京-4 型沼气灶,用开关调节灶前压力,热效率能达到 60.1%;不用开关调节的,热效率只有 57%。因此,无论使用哪一种灶具,都要把灶前压力尽量调节到设计压力才好。

（二）学会使用调风板

沼气在燃烧时需 5～6 倍的空气。沼气的热值会随着池子里加料的种类、时间和温度不同而起变化。调风板就是为了适应这种不断变化的状况而设计的。根据沼气成分和压力变化的情况,使用调风板调节进风量大小,以便使沼气完全燃烧,从而获得比较高的热效率。

调风板开得太大,空气过多,火焰根部容易离开火焰孔,这会降低火焰的温度。同时,过多的烟气又会带走一部分热量,因此热效率下降。不少农户,习惯使用烧柴时所见到的长火焰,以为这种火焰最旺,于是往往把调风板开得很小。实际上这种火的温度很低,还会产生过量的一氧化碳,对人体也有害。北京市公共事业科学研究所曾经做过这样的试验,用 30cm 的铝锅,盛

4.5kg 的水,从 30℃烧到 90℃,按照农户平时的点火习惯,需要 23 分 15 秒,热效率是 51.9%;如果使用调风板进行调节,使火焰内焰呈蓝绿色,只需要 16 分 1 秒,热效率达到 66.4%。热效率相差 14.5%。这再次说明学会使用调风板的重要性。

(三)怎样使用炉膛

目前大部分农户使用沼气,是把灶具放在砖砌的炉膛中。燃烧所放出的热量,一部分被锅底吸收,另一部分被砖砌炉壁吸收,其余的随着烟气散走。如果做饭时间比较长,炉壁经过加热,与沼气达到了热平衡,这时候继续使用沼气,灶具的热效率就会提高,而且加热时间越长,热效率越高;相反,如果做饭时间比较短,把灶具放在灶台上,比放在炉膛里的热能利用率高。

如果把灶具放在炉膛里,炉膛直径应比常用的锅的外径大 4～5mm。或在炉膛内壁中砌几个沟槽,以便燃烧后的烟气能够顺畅地排出去。目前农户使用的炉膛,有的尺寸不合适,烟气不好排出去,难以补充二次空气,因此沼气不能完全燃烧,火焰就会发飘,甚至从炉口蹿出去。

(四)加铁锅圈

把灶具放在灶台上使用,可以在灶具和锅的外面加一个铁锅圈。这不仅防止风把火吹灭,也能够提高热的利用率。例如,把一个直径 38cm,高 20cm 的锅圈,套在 24cm 的铝锅外面,在同样条件下使用,有锅圈比没有锅圈的热效率提高 3% 左右。这是因为有了锅圈,热烟气能够充分与锅壁接触;另外,锅圈被加热后,又会有部分热能辐射给铝锅,从而提高了灶具的热效率。如果锅圈是陶土或耐火泥的,其效果更好。

(五)使用好锅支架

北京—4 型灶上有三个活动支架。可放平底锅,也可放圆底或尖底铁锅。由于铁锅大小规格不一样,有的锅底离燃烧器头部很近,就会产生压火现象。有的锅底离燃烧器头部很远,这也使热效率降低。因此,要正确使用支架,燃烧器头部与锅底要有一个适当的距离。

(六)大、小锅区别用火

用大锅的时候,可以把火点旺一些;用小锅的时候,就要把火调小一些。这是由于灶具的热量大,小锅底受热面积小,沼气燃烧所放出的热量不能完全被锅底吸收,因此热效率低。

第二节　沼气灯具

家用沼气灯有吊式(图 7-4)和台式(图 7-5)两种。台灯除照明外,还可用作炊具,如江苏如皋"火炬牌"两用灯。吊灯在没有电的农村使用较多,以湖南华容、四川华蓥和浙江余杭灯具推广最多。

一、沼气灯的结构和发光原理

沼气灯是由喷嘴、引射器、泥头、纱罩、玻璃灯罩、反光罩等组成。沼气灯的燃烧属于无焰燃烧。当沼气从较小的喷嘴以较高的压力喷出时,引射了燃烧所需要的全部空气,在混合管内进行充分的混合,然后从泥头上的许多小孔流出,燃烧时只见极短的清晰的蓝色火焰。如果在泥头上套有预先浸有硝酸钍溶液的纱罩,它在高温下氧化成氧化钍,从而产生强烈的白光。

二、几种沼气灯的性能

由表 7-2 可见,沼气灯有高压灯和低压灯,并分别与水压式沼气池和半塑式沼气池配套使用;其照度有相当于白炽灯 60W、45W、30W 等几种规格供选用。

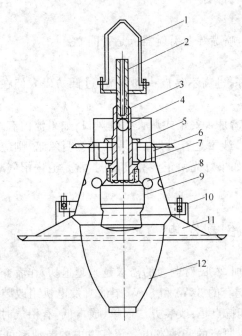

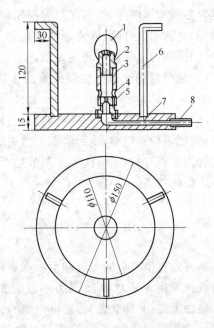

图 7-4　沼气吊灯结构图

1. 吊环　2. 喷嘴　3. 横担　4. 一次空气进风孔

5. 引射器　6. 螺母　7. 垫圈　8. 排烟孔　9. 泥头

10. 开口销　11. 反光罩　12. 玻璃灯罩

图 7-5　沼气台灯结构图　（单位:mm）

1. 纱罩　2. 泥头　3. 引射器

4. 一次空气进风孔　5. 喷嘴

6. 支架　7. 底盘　8. 接管

表 7-2　沼气灯的主要性能

灶具名称	额定压力 (Pa)	热 负 荷		照度 (lx)	发光效率 (lx/W)	CO (%)	备　注
		(W)	(kJ/h)				
国家标准	800	最低 410	1464.4	60	0.13	0.05	
	1600			45	0.10		
	2400	最高 525	1882.8	35	0.08		
湖北枝江Ⅰ型吊灯	2000	333	1200.8	<45	>0.13		
DY-Ⅰ型吊灯	800	580	2092	<60　>45	0.10	<0.05	
DY-Ⅰ低压吊灯	400	406	1464.4	<35	<0.08	<0.05	用于半塑式沼气池
南华牌低压吊、台灯	400	419	1514.6	<35	<0.10　>0.08		
湖南华容高压吊灯	4000	638	2301.2	>60	>0.13		压力超过标准

三、沼气灯的正确使用

有了性能好的沼气灯,能否用较少的沼气获得最佳的照明效果,在使用中还要注意以下几点:

(1)根据沼气池夜间经常达到的气压来选择不同额定压力的沼气灯。如果压力超过额定压力太多,虽然灯较亮,但是耗气量加大,而且也很容易将纱罩冲破。所以,对于水压式沼气池必须安装开关,用来控制沼气灯前压力。

(2)初次使用时,应将调风板的位置调好,使灯达到最亮的程度。只要空气调节适当,在沼气流量不增加的情况下,照度却能提高很多。

(3)选购沼气灯时,应检查喷嘴孔是否偏斜,喷嘴装在引射器上是否同心。

(4)选购与沼气灯配套的纱罩。

(5)沼气灯的悬吊高度以距地面 1.9m 为好,过高不易点火和调节,过低妨碍人们在室内活动。

(6)使用中如发现纱罩外有明火,应检查喷嘴是否安正或调大了进风口;如果池内有气,但灯不亮,则应检查喷嘴是否堵塞、空气是否充足、纱罩是否过期;如果灯光忽明忽暗,则应检查输气管内是否有积水,一次空气调节是否不当;如果灯光由正常亮度变弱,常是池内沼气减少,压力降低的结果。

第三节　沼气发电

随着农村生产力的发展和畜牧专业户的增加,农民对电力的需求越来越迫切。作者介绍一种将农村常用 5 马力和 12 马力单缸柴油机相配套的 3kW 和 8kW 柴油机发电机组改装成沼气—柴油混燃(又称双燃料)发电机组的方法。其特点是:改装方法简单、成本低;有沼气时用沼气发电,没有沼气时不必拆换零件可自动转换成原来的柴油发电。沼气发电的节油率可达 70～85％。

一、沼气发电机组(双燃料型)

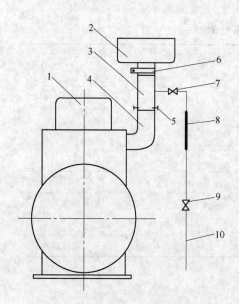

图 7-6　沼气混合器安装示意图
1.柴油发电机组　2.空气滤清器　3.沼气混合器
4.进气管　5.顶丝　6.管箍　7.沼气阀
8.输气软管　9.调压阀　10.输气硬管

将自行设计制造的沼气混合器安装在普通柴油发电机组的空气滤清器与进气管之间,一台双燃料的沼气发电机组就改装完成了。具体安装见示意图 7-6。经过脱水和除尘的沼气通过输气管、沼气阀和调压阀进入双燃料发动机汽缸内就可以工作了。根据作者的经验:对于浮罩式沼气池,可以不用调压阀;对于水压式沼气池,一定要加用调压阀。沼气阀和调压阀之间的输气管用软管,可以吸收柴油机运行的震动。其他部位管道最好采用 $\phi15mm$ 的塑料(UPVC)硬管,阀门用旋塞阀或球阀,不要用闸阀以防漏气。

(一)沼气混合器设计

首先测出柴油机进气管的外径 D(也是空气滤清器插管的内径 d)。选用一根长 200mm,加工成下端内径为 $D+0.5～1.0mm$,上端外径为 d 的钢管。在钢管的中间位置(图 7-7),将装有沼气阀(DN15 旋塞阀或球阀)的 DN15 钢管插入并焊接牢固。DN15 钢管的顶部预先堵住焊死,并在两侧钻有孔径为 $\phi3mm～\phi4mm$ 的扩散孔 3～4 个。

该沼气混合器的上端与空气滤清器的插管相连,用管箍锁紧;下端套入柴油机进气管,用顶丝固紧。上述长 200mm 的钢管也可用 1.5mm 厚的钢板卷焊而成。其上、下端口分别与空气滤清器的插管和进气管连接,并可采用套入和管箍锁紧的方法紧固。

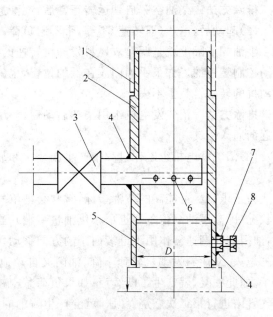

图 7-7　沼气混合器
1. 空气滤清器进气管　2. 沼气混合器直管　3. 水嘴
4. 焊缝　5. 柴油机进气管　6. 均布孔　7. 螺帽　8. 顶丝

（二）操作方法

1. 起动　关闭沼气阀,用柴油并按柴油机的起动方法起动。

2. 操作运行　起动后,将双燃料发动机油门放在中间偏低一点位置。待双燃料发动机中速运转一段时间后(冷却水温上升到 70℃ 左右),再加大油门使双燃料发动机达到额定转速(发电机组的电压表值达到 380～390V 或 220～230V)。再次检查发电机组和沼气系统工作正常后,逐步增加负荷(即用电设备)并慢慢地打开沼气阀输入沼气,适当调节手油门位置,使发电机组的电压继续稳定在 380V 或 220V 处,直到所需工作负荷为止。随着发电机组用电负荷的改变,也要相应地调节沼气阀和手油门位置,以保证沼气发电机组有较好的节油效果。

通入沼气后,在调速器作用下供油量会自动减少。若输入沼气量过多,双燃料发动机会出现瞬时供油中断而产生断续的工作声,应随即将沼气阀略为关小,直到正常运转为止。在运转过程中,调整电压(即转速)的方法与改装前用柴油工作时一样,通过改变手油门位置来进行。当沼气发电机组冷却水温较低以及小负荷或空负荷运行时,节油效果较差。

3. 停车　应先缓慢关闭沼气阀,待双燃料发动机空转半分钟后再关闭手油门停车。

（三）操作注意事项

(1)经常检查沼气阀、输气管道和接头等是否漏气,以免引起火灾等事故。

(2)操作沼气阀要平稳,不要忽大忽小,以避免因进入沼气量忽多忽少而造成双燃料发动机工作不稳。

(3)沼气发电机组运转中,要经常注意用电负荷与沼气压力的变化。在未装有自动调速的双燃料发动机上,全靠机手的感觉与经验来掌握手油门(即转速)与沼气阀合适的开度,这一点恰恰又是提高节油率的关键。好的机手在稳定负荷下,节油率可高达 85%;差的机手,节油率只有 60%。

(4)由于沼气供气不足或其他原因,需完全燃烧柴油运行时,双燃料发动机不必停车,只需关闭沼气阀,即可按一般柴油机操作方法使用。

（四）出现不正常情况及处理方法

(1)在气温低时,双燃料发动机起动、加负荷后,工作吃力、电压(即转速)不够、排气管冒白烟或黑烟,有时甚至熄火。其原因是机体预热不够,机体温度低和润滑不良所致;冒黑烟说明柴油机气缸内空气(氧气)少,柴油过多而燃烧不完全。若急于通入沼气,气缸内含氧量将进一步减少,燃烧状况更加恶化,致使冒烟观象加剧甚至造成熄火。

排除方法　柴油空车启动运转正常后,逐渐通入沼气,待运转正常后再逐渐增加负荷。

(2)起动后,电压(即转速)不够,带不起负荷。其原因可能是调速把手(手油门)位置不对。手油门实际上就是调整双燃料发动机转速的把手。而手油门是通过调速器根据负荷变化自动控制转速的。如果手油门放在低的位置,也就是把调速器放在了低转速位置,那么双燃料发动机的转速自然上不去。

排除方法　沼气发电机组用柴油启动后,将手油门预先固定在工作电压(额定转速)位置,再逐渐通入沼气。

(3)沼气发电机组工作过程中产生断续声和放炮声。其原因是工作负荷减少或急剧减少所致。

为了求得尽可能高的节油指标,常常会把沼气通入得较多,使柴油供给量保持在仅能点火的状况(即高压油泵齿条靠近最小供油量一端)。当运转过程中,因负荷减少而发动机转速上升时,油门会在调速器作用下继续向小的方向移动,以致造成喷油嘴不再喷油。这时,一个或数个气缸熄火、双燃料发动机转速下降、油门又自动地向大油量方向移动,双燃料发动机又正常工作了。如此往复,就产生了断续声;如果负荷急剧减少,过多的沼气在气缸内燃烧不完全而排入排气管内进行第二次燃烧、膨胀,就会产生噼啪的放炮声。

正确操作　遇到上述情况,应及时调节沼气阀和手油门,直至断续声和放炮声消除为止。

(五)节油效果

双燃料的沼气——柴油发电机组节油率一般为 70%～85%。影响节油效果的主要因素有:

(1)沼气是否充足。水压式沼气池产气良好时,沼气压力一般均可达 80cm 水柱左右。但是随着双燃料发动机工作时间延长,沼气池产气的速度赶不上沼气的消耗,致使池内沼气贮量减少、沼气压力下降。当沼气压力下降到 5cm 水柱以下时,沼气供气量已明显不足。此时,双燃料发动机的调速器将自动加大油量,节油率自然明显下降。因此修建配套的沼气池,供应充足的沼气,是建设沼气动力站的首要条件。

(2)负荷越稳定、运转时间越长和停车次数越少,则节油效果越好。

(3)与操作熟练程度有关。

二、沼气净化处理

沼气的净化处理包括脱硫、脱水和除尘。我们知道沼气用于农户炊用一定要脱硫。那么沼气用于发电是否一定要脱硫呢?四川省农机研究所曾做过大量调查和试验表明:农村户用沼气中的硫化氢含量一般较低,对柴油机气缸和气门的腐蚀很小,可以忽略不计。另外,不同的发酵原料产生的沼气中硫化氢的含量也是不同的:在畜禽粪便中,鸡粪的硫化氢含量最高、猪粪次之、牛粪最低。根据作者的实践,以猪粪和牛粪为主要发酵原料产生的沼气用于发电时,没有必要进行脱硫处理,但一定要进行脱水和除尘处理。图 7-8 是用大口瓶改装而成的除尘器,在密封良好的瓶盖上焊上两个管接头,伸入瓶底的一根管作进气管。瓶内装入直径 $\phi3\sim\phi4$mm 的中砂,其高度 H 为 100mm 左右(或直径为 $\phi6$mm 左右的粗砂,其高度 H 为 150mm 左右)。当瓶中砂石截留泥沫高度达到 40mm 左右(或 60mm 左右)时,应及时更换砂石,以防沼气流通不畅。倒出的砂石用清水冲净、晾干后可再次使用。

三、经济效益

就沼气利用而言,除炊用之外沼气发电是最经济、最方便和最有效的。

假设有一个或数个养殖专业户,共饲养存栏猪 100 头或肉牛 25 头,或奶牛 20 头,建造一个总容积为 150m³ 沼气池或 15 个 10m³ 的沼气池,每天最少可产沼气 25m³。按每 m³ 沼气可发电 1.5 度计算,则每天用双燃料发电机组可发电 37.5。目前,每个农户一般有 40W 电灯两盏、电视机 1 台;每天用电 5 小时则需 0.75 度电。那么,兴建一个 8kW 的小型沼气发电站就可满足 50 户农家生活用电需要。

建一个 8kW 小型沼气发电站的投资一般不超过 3 万元。若按每度电费 0.75 元计算,扣除每度电的油耗和维修等费用 0.25 元,每度电可纯收入 0.5 元。那么沼气发电站每年可收入 0.67 万元,5 年内可收回投资。如果沼气发电站的电力用于各种农副产品加工,其经济效益将会进一步

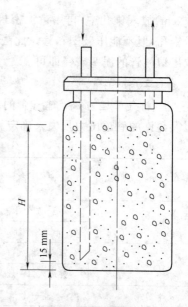

图 7-8 简易除尘器

提高。由此可见,沼气发电对于边远地区农村的经济发展和农民生活水平的改善不仅具有很好的经济效益,更具有深远的社会效益。

第四节 输气管路

一、输气管路的作用

只抓建池产气,不重视输气管路的设计与安装,会出现产了气而用不好气的结果。这种情况较为普遍,应该引起重视。如:管道过细、过长,造成压力损失过大;安装管道时不考虑坡度,造成管道低处积水,甚至发生堵塞;管路各接头处漏气,使沼气灶、灯压力不足,供气不足,难以正常使用。

沼气从沼气池的导气管引出来以后,经过输气管(也就是庭院的管子和用户屋内的管子)、凝水器、脱硫器,再经过 U 形压力计、开关、三通等管件,最后到沼气灶和灯具上燃烧。对于这些部件,我们必须了解它们的性能,才能使用好这些部件。

二、输气管路部件

(一)导气管

沼气从池子里引出来,首先要经过导气管。一般情况下,在建沼气池的过程中,导气管已安装好。各地使用的导气管粗细、材质都不一样,有的是塑料管,有的是铁管,也有的是竹管。选择和安装导气管要注意以下几点:

1. 导气管内径 导气管的内径最好不小于 8mm,而且不要用缩口的管子。

2. 导气管材料 选择导气管要考虑沼气的成分中含有腐蚀作用的硫化氢,因此要选用管壁厚一些的铁制的导气管和硬塑料管。

这里介绍一种用硬塑料管作导气管的方法:做活动盖时,在盖子上留一个上口直径为 6cm,下口直径为 4cm 的锥孔;将硬塑料管套上一个带孔的圆盘形铁片或塑料片(直径约

4.2cm)放入锥孔中;再用黄泥密封锥孔即可使用。安装时要将黄泥拌成砖瓦泥一样,填实、塞紧锥孔,但不能压破塑料管。此法还有一好处是,破除池内一般结壳时,不需打开活动盖,只要取出塑料管的泥塞破壳即可。

(二)输气管

1. 输气管道内径　输气管的内径应根据沼气池型、沼气池到灶具的距离、沼气量的大小,以及允许的管道压力损失来确定。一般按表7-3选用。

表 7-3　输气管内径的选择

池　　型	管　　路	管　长(m)	管　径(mm)	
			软　　管	硬　　管
水压式	池→1 个灶	10~20	8	10
	池→2 个灶	10~20	12	15
浮罩式	罩→外墙入口	20	14	15
	外墙入口→灶	6	14	15
半塑式	池→灶	15	16	15
气袋贮气式	池→气袋	不限	8~12	—
	气袋→灶	3	12	—

另外,输气管道的内径要和开关、三通等管件配套。否则,使用时就容易漏气。

2. 输气管道的安装　目前,塑料管道有两种安装方式:一种是架空或沿墙敷设,长江流域以南地区常用;另一种是把管子埋在地下,北方地区常用。架空或沿墙敷设比较简单;把管子埋在地下的敷设方式,可以延长塑料管的使用寿命。

(1)塑料管道又有软塑管材和硬塑管材之分,安装方法也稍有不同。目前,多数农户采用软塑管材安装输气管道。随着农村经济的发展,虽然硬塑管材比软塑管材价格高一倍,但不少地方农户乐于接受。因为它具有四个优点:

①平整美观、接头粘接牢固、气密性好。

②输气畅通、压力损失小。

③质硬壁厚,可防虫蛀鼠咬。

④使用寿命长。

(2)软塑料管道安装时,要注意以下几个问题:

①从池子中出来的沼气,带有一定水分和湿度。沿墙敷设或埋地敷设都要保证管道有0.01的坡度,坡向凝水器。这样管子里有了积水就会自动流入凝水器里。

②如果塑料管是架空穿过庭院,最好拉紧一根粗铁丝,两头固定在墙或其他支撑物上,将塑料管用钩钉或塑料绳每隔 0.5~1m 与粗铁丝箍紧,避免塑料管下垂成凹形而积水。

③管子经过墙角拐弯时,不要打死弯使管子折瘪。

④管子走向要合理。长度越短越好,多余的管子要剪下来,不要盘成几圈挂在钉子上,这会增加压力的损失。

(3)聚氯乙烯(PVC)硬塑料管道的安装技术如下(图 7-9):

①一般采用室外地下挖沟敷设,室内沿墙敷设。室外管道埋深为 30cm,寒冷地区应在冰冻线以下,或覆盖秸草保温防冻,室外最好用砖砌成沟槽保护;室内输气管道沿墙敷设,用固定扣

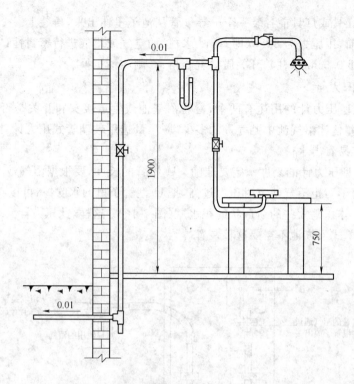

图 7-9　室内硬塑管道安装示意图　（单位:mm）

固定在墙壁上,与电线相距 20cm 左右,不得与电线交叉。

②管道布线要尽可能短(近)、直。布线时最好使管道的坡度和地形相适应。在管道的最低点安装凝水器或自动排水器。如果地形平坦,管道坡度为 0.01 左右。开关和压力表应靠近灶具安装,以减少压力损失。

③硬塑料管道一般采用承插式胶粘连接。在用塑料胶粘剂前,检查管子和管件的质量及承插配合。如插入困难,可先在开水中使承口胀大,不得使用锉刀或砂纸加工承接表面或用明火烘烤。涂敷粘剂的表面必须清洁、干燥,否则影响粘接质量。

④胶粘剂(如上沼-1 胶粘剂),一般用漆刷或毛笔顺次均匀涂抹,先涂管件承口内壁,后涂插口外表。涂层应薄而均匀,勿留空隙,一经涂胶,即应承插连接。注意插口必须对正插入承口,防止歪斜引起局部胶粘剂被刮掉产生漏气通道。插入时须按要求勿松动,切忌转动插入。插入后以承口端面四周有少量胶粘剂溢出为佳。管子接好后不得转动,在通常操作温度(5℃以上),10 分钟后,才许移动。雨天不得进行室外管道连接。

全部输气管道安装完毕,进行气密性和压力损失试验。检查后,才可交付使用。

（三）开关

据调查,目前多数塑料开关存在以下问题:

(1)不严密、易漏气。

(2)通孔直径太小、加工粗糙、内孔上有毛疵甚至不通。

(3)开关手柄太紧,不便于操作。

对比目前使用的开关,推荐采用球阀、旋塞阀和硬塑有膜开关。如果选用北京-4 型灶,要选转芯内径大于 4mm 的开关。

开关在每个灶具或灯具前各装一个。导气管从池子里伸出来,再装上一个即可。

开关在安装前,用压力为5kPa(即50cm水柱)的空气或沼气进行密封性试验。5分钟内压降不超过50Pa(即0.5cm水柱),开关质量就合格;否则应该更换。

（四）U 型压力计

1. 用途　U型压力计的用途有两个,检验沼气池或管道接头和开关是否漏气;水压式沼气池可根据其压差估计沼气池中贮气量的多少。应尽量选用玻璃管式压力计,因为塑料管时间长了会变色,不容易看出水位。

2. 安装　U型压力计的刻度一定要准确。U型管的长度,要根据沼气池经常达到的最高压力值来确定。为了防止沼气池有时压力过高,把U型管子里的水吹掉,可以在U型管通大气的一端,接上一个体积稍大些的葫芦状的积水瓶(图7-10)。这样,此压力计又增加了压力安全阀的功能。但浮罩式沼气池不需要这种装置。

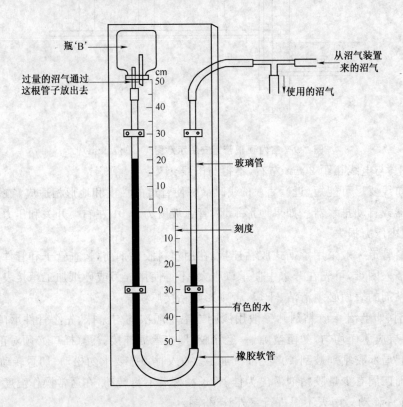

图 7-10　组合式压力表和安全阀

玻璃管内加点红墨水。无压时水位一定要在"0"刻度处。

需要提醒注意的是,在使用U型压力计的时候,正确的读数是将两根管子水位高度相加,而不是只读一侧。

3. 使用　U型压力计一般装在开关前面。不点火的时候,压力计上的压差表示沼气池内的压力;点火以后,压力有所下降。这是因为沼气经过管道的时候与管子内壁有摩擦,因此压力有些损失。这时压力计上的压差,并不代表灶具前的压力,因为在压力计后面还有一段灶前管子以及开关、三通等部件。所以,灶前的实际压力要稍低一些。目前,分离贮气浮罩沼气池和半塑式沼气池配套使用的低压北京-4型沼气灶,它的设计额定压力是850Pa(8.5cm水柱)。只有使压力计上的压差控制在1.1~1.5kPa(11~15cm水柱)时,才能使北京-4型沼气灶的使用压力接近原设计压力,从而保证灶具的额定热负荷和有较高的热效率。

目前,市场已有膜盒沼气压力表供应。其体积小,安装使用方便,可选用0~10kPa(0~100cm水柱)规格的产品在水压式沼气池的管道上使用。对于各种浮罩式沼气池还是采用自制的U型压力计为好。

(五)凝水器

凝水器放置在管道坡度的最低处,用于排除管道中的积水,保证沼气畅通。对于水压式沼气池,由于气压高,常采用"T型管凝水器"(图7-11)。凝水管长度和直径视安装场所的空间而定;对于浮罩式沼气池和半塑式沼气池,由于气压低,常采用"瓶型凝水器"(图7-12)。瓶子的高度:浮罩式沼气池一般为25~30cm;半塑式沼气池一般为12~15cm。瓶子的直径可大可小,一般为10cm左右。

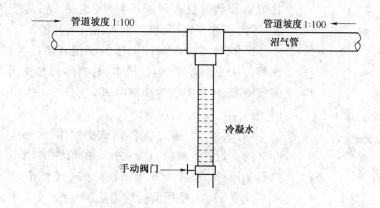

图 7-11　T 型管凝水器

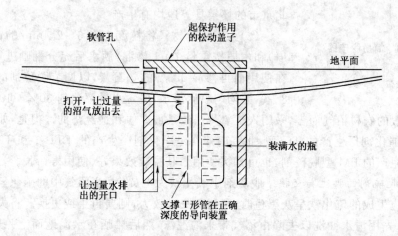

图 7-12　瓶型凝水器

(六)脱硫器

沼气作为长期提供农户炊用的一种气体燃料,应有一定的质量指标。硫化氢是一种带有臭鸡蛋味的无色可燃气体,也是沼气中主要的有害成分。它不仅危害人体健康,对厨房金属器具、沼气用具和管道阀门都有较强的腐蚀作用。因此对于农户炊用的沼气一定要安装脱硫器,确保硫化氢的含量净化到 0.02g/m³ 以下。

沼气脱硫的方法有湿法和干法两种。干法脱硫具有工艺简单、成熟可靠和造价低廉等优点。目前家用沼气脱硫基本上采用这种方法。

1. 脱硫器的制作 目前市场上有多种户用干式脱硫器商品,内装质量不一的颗粒状氧化铁脱硫剂。氧化铁脱硫剂一般可反复使用 3~4 次,但不同质量的使用寿命相差近 10 倍。尽管农村条件有限,而自制脱硫器和脱硫剂对于农村沼气用户也是十分现实的。

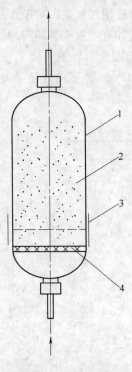

图 7-13 是一种简易的农户沼气脱硫器。用两个去掉底盖的类似 500ml 的饮料瓶、内装一块钻有许多 $\phi 1 \sim \phi 1.5mm$ 小孔的塑料圆片并盖有 2~3 层塑料窗纱叠成的圆垫,再对接、用塑料胶带粘合而成圆柱壳体;两端瓶盖分别开孔,粘接上塑料管嘴作为沼气进、出口接头,打开上端出气口的瓶盖即可装卸粉状或颗粒状的脱硫剂了。需要说明的是,其使用时要竖立安装,塑料圆片在底部,沼气由下而上地通过。

2. 脱硫剂的配制 干法脱硫剂有活性炭、分子筛和氧化铁等。从使用寿命、运行成本、材料易得和使用简便等综合考虑,目前采用最多的脱硫剂是氧化铁。其中常用的配方有如下两种:

(1)天然沼铁矿。天然沼铁矿俗称"黄土",一般含 50%~60% 的高价铁。粒径为 1~2mm 的沼铁矿,按比例掺混木屑和熟石灰即可。其重量比为沼铁矿 95%,木屑 4%~4.5%,熟石灰 0.5%~1%。使用前应均匀喷洒清水,使含水量率达到 30%~40%。这种沼铁矿在我国黑龙江省的伊春、天津市的蓟县及北京市的怀柔县等地均有生产。

(2)人工氧化铁。将粒度为 0.6~2.4mm 的铸铁屑(或铁屑)和木屑按重量 1:1 掺混,洒水后充分翻晒进行人工氧化;在使用前再掺混 0.5% 的熟石灰,以调节脱硫剂的 pH 值达到 8~9,并均匀喷洒清水,使含水量率达到 30%~40%。

图 7-13　简易脱硫器
1. 饮料塑瓶　2. 脱硫剂
3. 塑料胶带　4. 多孔塑片

对于一般的农村沼气而言,采用人工氧化铁法是最方便和最经济的。但是,如果附近能有山西省汾阳催化剂厂生产的 TG 型、北京南郊科星净化剂厂生产的 TTL-1 和 TTL-2 型及上海煤气公司生产的 PM 型脱硫剂,也可购买使用。其脱硫效果好、使用寿命长。

3. 干式脱硫剂的再生与交换 脱硫剂中氧化铁为土黄色。当沼气中的硫化氢与氧化铁接触起化学反应生成的硫化铁呈灰黑色时,脱硫剂失去效力,则要再生或更换。将失效的脱硫剂从瓶内倒出,先用清水冲洗以去除由沼气带来的泥沫,然后摊晒在水泥地面上并适当翻晒(最好能喷洒少量的稀氨水),利用空气中的氧气将硫化铁又氧化成氧化铁。当脱硫剂由灰黑色又变成淡黄色时,则再生过程完成。自制的脱硫剂,最多再生 2 次就应更换新的脱硫剂。

值得注意的是:当沼气池从水压间大出料时,一定要拔掉脱硫器的进气管。避免沼气池内产生的负压,将大量空气从出气管快速倒流进入脱硫器。此时脱硫剂将发生剧烈的再生(氧化)过程,其化学反应产生的高温有可能将塑料制的脱硫器烧毁。

（七）验收

在整个输气管路系统，也就是从沼气池的导气管、输气管道到灶具全部安装好以后，要进行气密性试验。对水压式沼气池管路系统要用8kPa～10kPa（80～100cm水柱）压力的气体（可以是沼气池来的沼气，也可以用气筒打来的空气）进行气密性试验：如果在10分钟之内，U型压力计的压力下降不超过200Pa（2cm水柱）就算合格。对各种浮罩式沼气池管路系统，要用2kPa～3kPa（20～30cm水柱）压力的气体进行气密性试验：如果在10分钟之内，U型压力计的压力下降不超过100Pa（1cm水柱）就算合格。试验的时候，可以把肥皂水涂抹在管子与开关、三通连接的部位，以便观察是否漏气。此外，室外普通塑料管道使用4～5年以后，由于老化就会变硬或者出现龟裂，甚至被老鼠咬坏；开关经常使用，零件也容易松动。这些情况都会引发漏气，所以每年都要进行一次气密性试验，及时更换损坏的零部件。

只要注意到以上几方面的问题，就能减少管道的压力损失和漏气现象，从而保证灶具、灯具的正常使用。

第五节　出料机具

我国农村家用沼气池主要发酵原料除人畜粪便外，还有大量的秸秆和杂草。难于发酵的秸草类物质，其纤维难以腐烂、长期存在池内，给大换料带来不少困难。所以，选用何种出料机具也是一个不可忽视的问题。

10多年来，我国沼气池的出料机具曾经有过一段时间发展很快，生产了许多性能可以满足各地要求的品种。如各种电动出料泵、人力活塞式液肥泵、吸肥车和人力抓卸器等。但是近年来，随着改革开放的大好形势，农户饲养牲畜量增加，不少地方沼气池的发酵原料改为畜粪为主了。这种状况使得沼气池的大换料变得比较方便。相应的出料机具也变得简单了。目前农户常用的出料机具有两种：一种是类似"油抽子"的抽粪筒（图7-14），它是用直径为100～120mm、长1.5～2.0m（视沼气池深度而定）的硬质聚氯乙烯管，内套一个带有橡皮垫活门的活塞及其铁拉杆组成，既可抽取池内的粪渣液，也可做池内发酵液的搅拌器；另一种是带有倒刺的钉齿直耙（图7-15），专门

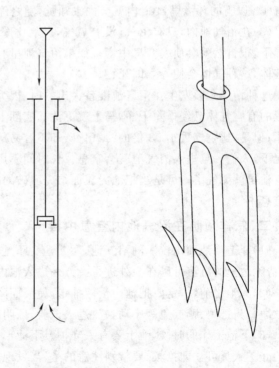

图7-14　抽粪筒示意图　　　　图7-15　钉齿直耙

用于从沼气池活动盖口捞取浮渣。这两种机具既简单又实用，搬动方便，可以自制。

第八章　怎样安全使用沼气

沼气是一种清洁、投资少、能给人类造福的生物能源。但是它和水、电一样,当人们没有掌握它的安全使用知识和技术的时候,也会给人类带来灾害。使用沼气容易发生的事故,主要是窒息中毒、烧伤和火灾等。

第一节　预防沼气池内窒息中毒

一、基本常识

(1)我们知道,空气中的二氧化碳含量,一般为 $0.03\%\sim0.1\%$,氧气为 20.9%。当二氧化碳含量增加到 1.74% 的时候,人们的呼吸就会加快、加深,换气量比原来增加 1.5 倍;二氧化碳含量增加到 10.4% 的时候,人的忍受力就不能坚持到 30s 以上;二氧化碳含量增加到 30% 左右,人的呼吸就会受到抑制,以至麻木死亡。

(2)空气中的氧气为 20.9%,当氧气下降到 12% 的时候,人的呼吸就会明显加快;氧气下降到 5% 的时候,人就会出现神智模糊的症状;如果人们从新鲜空气环境里,突然进入到氧气只有 4% 以下的环境里,40s 内就会失去知觉,随之停止呼吸。

(3)在沼气池内,只有沼气,没有氧气,二氧化碳含量又占沼气的 35% 左右。所以,在这种情况下,很自然就会使人窒息中毒。如果沼气池里有含磷的发酵原料,还会产生剧毒的磷化三氢气体,这种气体会使人立即死亡。

这种情况多数发生在沼气池准备大出料时。因为活动盖已打开好多天了,人们误以为沼气池里的有害气体已经排除干净,马上就下池。实际上,比空气轻一半的甲烷已经散发到空气中去了;但是,比空气重 1.53 倍的二氧化碳却不容易从沼气池散发。因此,在二氧化碳比较多的情况下,人们一旦进入沼气池就会窒息。长时间不用的沼气池又被利用时,有的农户以为这些沼气池早就无气了。可是当把池内表面结壳戳破的时候,马上就有大量的沼气冒出来,使人立即窒息中毒。

二、怎样预防在沼气池内窒息中毒

(1)建造离地面比较浅的沼气池。尽量避免下池操作,把沼气池的深度控制在 2m 以内。这样,清除池里的沉渣可以在池外进行。万一进入池内发生危险时,也便于抢救。

(2)入池之前,一定要把池内沼液抽走,使液面降至池壁上进、出料口以下,充分通风,将沼气放净。先把鸡、鸭或兔等小动物放进去试验,证明确实没有危险后,再下池操作。

(3)下池工作的时候,池上要有人守护。下池工作的人员要系上保险带,一旦发生危险,池上的守护人员可立即抢救。要特别注意的是,当发现有人中毒后,一定不要急着下池抢救,首先用鼓风机等多种方法向池内送风,使病人吸入新鲜空气。不懂得这一点,慌忙下去抢救,结果会造成多人连续中毒的事故。被抢救出的中毒病人,要尽快送到附近医院抢救治疗,不可耽误时间。

第二节　预防沼气引起的烧伤和火灾

一、基本常识

沼气是一种可燃气体，一遇上火苗就会猛烈燃烧。所以，绝对不能在已经产气的沼气池旁边使用油灯、蜡烛、火柴和打火机等明火，也不能吸烟。若需要照明，只能用防爆电灯、手电筒等。

有时候，人下池后没有什么异常感觉，但不等于池内没有沼气。如果这些残存的沼气比例占到池内空气的 $7\%\sim26\%$，一遇到火苗就会爆炸。

二、怎样预防沼气引起的烧伤和火灾

(1)在使用沼气灶或沼气灯之前，要先点着火柴等引火物等在一旁，然后打开沼气开关，稍等片刻点燃沼气灶或灯。如果先打开沼气开关，再点燃火柴等引火物，等候时间一长，灶具、灯具周围沼气增多，就会有烧伤人的危险，甚至有引起火灾的可能。

(2)沼气灶或灯不要放在柴草、油料、棉花、蚊帐等易燃品旁边，也不要靠近草房的屋顶，以免发生火灾。

(3)每次使用沼气前后，都要检查开关是否已经关闭。如果使用前发现开关没有关就不能点火。因为这时候屋里可能已散发了不少沼气，一遇上火苗，就可能发生爆炸或火灾。此时，应赶快关闭开关，打开门窗，通风后再使用。

(4)要教育孩子不要在沼气池和沼气配套设备(灯、灶、开关、管道等)附近玩火。因为这些地方也会有漏气现象。

(5)要经常检查开关、管道、接头等处有没有漏气。可用肥皂水检查；也可用碱式醋酸铅试纸检查，方法是：用清水把试纸浸湿，放在要检查的部位，如果漏气，试纸和沼气中的硫化氢发生化学反应，使试纸变成黑色。如果在关闭开关的情况下，闻有臭鸡蛋气味(硫化氢气味)，则可以肯定，沼气设备有漏气的地方，而且漏气还比较严重，要赶快检查处理。

(6)一旦发生烧伤事故，要根据受伤者的烧伤程度来处理，严重的要立即送医院抢救。火灾事故发生时，头脑要冷静，首先要关掉气源，同时组织救火。

发生沼气中毒、烧伤和火灾事故，都是由于人们不了解沼气的脾气和麻痹大意造成的。在我国几百万个沼气池中，虽然发生事故的用户只是极少数，但绝不能掉以轻心。只要我们掌握了安全使用沼气的知识，并且认真对待它，防止沼气事故的发生是完全可能的。

第九章　家用沼气池综合利用技术

第一节　沼气池综合利用概况

我国人口众多,土地和水等农业资源的缺乏决定了我国必须对有限的农业资源进行高效和多层次的综合利用。沼气技术正是将农业废弃物转化为多种农业生产资料和回收生物能源的有效手段。

一、我国农村能源发展方针

几十年来,我国在沼气池的综合利用方面有了很大的发展。本着**"因地制宜、多能互补、综合利用、讲究效益"的农村能源发展方针,在全面推广沼气技术的基础上,在深度开发上花气力、在综合利用上下功夫,走出了一条以沼气为纽带,种、养、加相结合的发展农村经济的新路子,取得了明显的经济、生态和社会效益。**

沼气的综合开发利用早已突破了"秸秆入池,沼肥下田"的简单利用模式,它与生态农业相结合,形成了"猪、沼、农"综合利用的良性循环模式(图 9-1)。

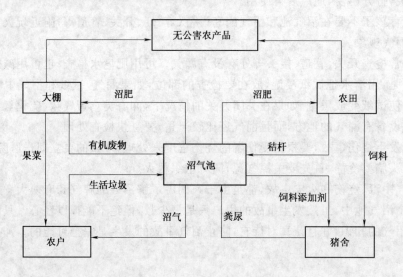

图 9-1　"猪、沼、农"良性循环模式

二、沼气池综合利用概况

沼气不仅用于烧饭、照明、孵化家禽、贮粮保鲜、灭虫和点灯诱蛾,还可发电用于副业加工等方面;节省的稻、麦秸秆用作大牲畜饲料,促进了养殖业的发展;节省的柴草保护了森林的植被,使生态环境得以改善。

沼液和沼渣(又统称为沼气发酵残留物,俗称沼气肥,简称沼肥)用来喂猪、喂牛、养鱼、养兔、种菜和果树等;沼液浸泡水稻、小麦、花生和玉米等种子,发芽率高、芽壮苗齐、病虫害少和长势好;沼渣培植食用菌和花卉,成本低、品质好。

沼气池的综合利用使农民的经济收入提高。根据湖南省和安徽省的调查,一个沼气池开展综合利用,年直接经济收入可达千元左右。所以对于比较贫困和以农业为主的地区,农村经济要想发展,农民要想致富,有效途径之一是充分利用当地的资源优势,发展沼气,开展综合利用,促进农副业生产的发展。

下面介绍一批近些年来,全国各地在沼气综合利用中,比较可靠和在一些新的领域开发较有成效的实例,供大家参考试用。要强调指出的是,各地条件差异较大,对本书中介绍的实例不可盲从,一定要遵循"**先试验、后总结、再使用**"的原则。否则,难以保证使用效果。

第二节　沼气池综合利用的原理

一、沼气发酵中原料的生物转化

为什么沼气除了炊用、照明和发电外,还可以贮粮、保鲜?

为什么沼液除了浇灌蔬菜和果树外,还可浸泡种子促进农作物生长?

为什么沼渣除了当肥料,还可以喂猪、喂牛?

原来,这些都是"三沼"(沼气、沼液和沼渣)所含的成分及其特性所决定的。沼气发酵是由众多的、肉眼看不见的微生物参与的复杂生物转化过程。在发酵过程中,发酵原料的转化情况如图 9-2 所示。

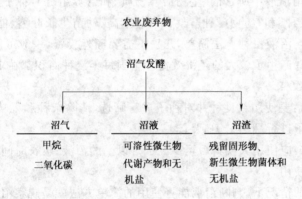

图 9-2　沼气发酵中原料的生物转化

二、沼气发酵残留物

沼气微生物代谢产物一是沼气,二是沼气发酵残留物。沼气发酵残留物中含有以下三种成分:第一种是农作物的营养物质;第二种是一些金属离子的微量元素;第三种是对动、植物生长有调控作用和对某些病虫害有杀灭作用的物质。

第一种物质是由发酵原料中大分子的有机物被沼气微生物分解成可以被农作物直接吸收的氮、磷、钾等主要营养元素。

第二种物质原本存在于发酵原料之中,只是通过沼气发酵变成了离子状态。在农村户用沼气池的沼液中含量最高的是钙,可达到 0.02%;其次是磷,可达到 0.01%;铁可达到 0.001%;其他铜、锌、锰、钼等只能达到 0.001%以下。它们的浓度不高,但可以渗透到细胞内,刺激动物、植物的生长和发育。

第三种物质相当复杂，目前还没有完全弄清楚。已经测出的这类物质有氨基酸、生长素、赤霉素、纤维素酶、单糖、腐殖酸、不饱和脂肪酸、B族维生素和某些抗菌素类物质。其中可以把某些成分统称为"生物活性物质"。它们对农作物生长发育具有重要调控作用，参与了农作物从种子发芽、植株长大、开花到结果的整个过程。例如：赤霉素可以刺激种子提早发芽和农作物茎、叶快速生长；生长素能促进种子发芽，提高发芽率，可使果树有效防止落花、落果，提高坐果率；某些核酸、单糖可增强农作物的抗旱能力；游离氨基酸、不饱和脂肪酸可使农作物在低温时免受冻害；某些维生素能增强农作物的抗病能力。由此可见，"三沼"的综合利用具有很好的经济效益，值得我们进一步深入地研究、开发和推广。

第三节　沼液的综合利用

沼液的综合利用是"三沼"的综合利用中，最具效果、最具活力和最有发展前途的部分。从上面的分析可知，沼液的作用主要表现在调节动物、植物生长、提供养分和抗病虫害三个方面。这里所说的沼液，实际上也含有少量微生物菌体与固形物，只不过比沼渣含量少。但沼气发酵所产生的可溶物大部分在沼液中。

一、沼液在种植业中的利用

（一）沼液浸种

沼液浸种就是利用沼液中所含的"生物活性物质"和营养组分对种子进行播种前的处理。它优于单纯的"温汤浸种"和"药物浸种"，具有出芽率高、幼苗生长旺盛、能防治某些病虫害和农作物产量高等优点。沼液浸种方法简单，几乎不需要额外投资，一般可使农作物增产5％～10％。因此得到推广并产生了较大的经济效益。全国每年浸种面积都在100万公顷以上。

1. 沼液浸种技术要点

（1）对种子的要求：要使用新良种并对种子进行筛选，清除杂种和秕粒以确保种子的纯度和质量。浸种前对种子进行翻晒1～2天。

（2）对沼液的要求：应使用大换料后至少2个月以上的沼液；较长时间没有换料，产气不多的沼气池的沼液也可使用。

在没有检测仪器的情况下，判断沼液能否使用的简单方法就是观察沼液颜色，呈现灰黑色和没有明显臭味，以及沼气燃烧时火苗正常、不脱火，表明沼气发酵正常。如果水压间进了新鲜的人畜粪尿和有毒污水（如农药、消毒水等），这种沼液是不能浸种的。浸种沼液的pH值在6.8～7.5之间，可用pH试纸测试。发酵正常的农户沼气池都能达到这一指标。

（3）具体操作：

①清理水压间。水压间的杂物及浮渣要清除干净。采用底部出料的沼气池应事先搅动水压间底部，以使部分沉渣上浮取走。

②装袋。选择透水性好的布袋或编织袋，装种量不能过满。在袋子上部留有1/4的空间（防止种子胀大，胀破袋子），然后扎紧袋口。

③浸种。将木棍横放在水压间上。绳子一端系住袋口，另一端系在木棍上，将种袋放入水压间中部并被沼液淹没。如果浸种的沼液需要用清水稀释，可改在容器中浸种。

④浸种时间。根据品种、地区、土壤墒情的不同，要在本地区进行一些简单的对比试验后再

确定浸种时间。

⑤清洗。浸好的种子取出用清水冲洗、沥去水分、摊开晾干后播种或催芽。

2. 各种作物浸种的具体方法

(1)水稻沼液浸种：

①水稻浸种种子纯度应达到 95% 以上，种子发芽率应在 95% 以上。

②早稻早熟品种。稻种先用沼液浸 24 小时，再换成清水浸 24 小时；也可将 3/4 沼液与 1/4 清水配成混合液用容器浸种 48 小时；对于抗寒性较差的水稻种，沼液用清水稀释一倍后再用；若与药剂消毒同步进行，两者配合的方法是：先用沼液浸种 24 小时，洗净后用强氯精液(1/500)浸泡 12 小时，洗净后再用清水浸泡 12 小时。其他要求不变。

③早稻中熟品种。稻种先用沼液浸 24 小时，再换成清水浸 24 小时；对于抗寒性较强的水稻种，沼液浸种时间为 36～48 小时。

④杂交早稻品种。由于杂交稻种呼吸强度大，一定要采用间歇浸种法(即种子在沼液中浸泡一段时间后，再取出晾一段时间)：浸 14 小时，晾 6 小时；浸 14 小时，晾 6 小时；再浸 14 小时后将种袋取出，用清水冲洗晾干，俗称"三浸三晾"。总的沼液浸种时间为 36～48 小时。

⑤杂交中稻沼液浸种。采用"三浸三晾"的间歇浸种法，每次时间段为，沼液浸种 12 小时，晾干 6 小时。总的沼液浸种时间不少于 36 小时。

⑥杂交晚稻沼液浸种。采用"三浸三晾"的间歇浸种法，每次时间段为，沼液浸种 8 小时，晾干 6 小时。总的沼液浸种时间不少于 24 小时。

⑦水稻沼液浸种的效果。采用沼液浸种后发芽率比清水浸种高 5%～10%，成苗率提高 20% 左右；秧苗白根多、粗壮、叶色深绿；移栽后返青快、分蘖早、生长旺盛。水稻产量可以提高 5%～10%。

(2)小麦沼液浸种：

①浸种方法。沼液浸种在播种前一天进行。将晒过的麦种在沼液中浸泡 12 小时，取出种袋用清水洗净、沥干。再将麦种取出摊开，待表面晾干后即可播种。若天旱时播种(土壤墒情差)，则不要采用沼液浸种。

②浸种效果。与清水浸种相比，发芽率提高 3% 左右，具有出苗早、生长快的特点。小麦产量可提高 5%～7%。

(3)玉米沼液浸种：

①浸种方法。沼液浸种时间为 12～16 小时，不宜过长；然后用清水洗净晾干即可播种。如要催芽按常规方法进行。

②浸种效果。与干播相比，有发芽齐、出苗早、苗壮等优点。玉米产量提高 5%～10%。

(4)棉籽沼液浸种(只用于没有包衣的棉种)：

①浸种方法。棉种翻晒 1～2 天后，装入种袋中，将种袋放入水压间。在种袋内放入块石以防飘浮。沼液浸泡 24～48 小时后取出袋子滤去水分，用草木灰拌和并反复轻搓成黄豆粒状即可用于播种。

②注意事项。播种期间若遇阴雨，土壤含水量高，浸种的棉种播种后容易出现烂种。因此，浸种前应事先了解天气情况和墒情。

(5)红薯沼液浸种：

①浸种方法。选取大小均匀、色泽正常、无损伤、无病虫害和无冻害的薯块放入清洁的容器

中(桶、缸、水泥池等)。取正常沼液倒入容器内,直到液面溢过薯块表面10cm;浸种时间为2~4小时。注意薯块浸泡过程中沼液如有损耗需即时添加。浸完后,将薯种取出用清水冲洗干净,然后放在草席或苇泊上晾晒,待薯种表面水分干后,即可按常规排列上床育苗。

②浸种效果。提高产芽量30%左右。黑斑病发病率明显降低,壮苗率可达99%(常规方法壮苗率为67%)。

(6)花生沼液浸种:沼液浸泡时间为4~6小时,取出用清水洗净、晾干即可播种。

(7)烟草沼液浸种:

①浸种方法。将烟籽装入透水性好的布袋中,每袋最多装种量为0.5kg;放入沼气池水压间浸泡3小时,取出用清水洗净并轻搓几分钟,晾干后播种。

②浸种效果。种子发芽早、出芽齐、抗病力强和幼苗生长旺盛。

(二)沼液叶面喷施

1. 主要作用 利用沼液中所含的氮、磷、钾等营养元素和铜、铁、锌、锰、钼等微量元素以及多种生物活性物质,对农作物和果树进行叶面喷施;为作物补充营养、调节和促进作物生长代谢、抑制或减少某些病虫害的发生。

2. 一般方法 根据气候、长势和病虫害等情况的不同,可以采用纯沼液、稀释沼液或配合农药、化肥喷施。

(1)纯沼液喷施:喷施纯沼液的杀虫效果比稀释沼液好,还能提供丰富的养分。因此对长势较差的作物和果树等均应喷施纯沼液。

(2)稀释沼液喷施:根据气候及作物长势,有时必须将沼液稀释喷施。如气温较高时,应加入适量水稀释后喷施。

(3)沼液配合农药、化肥喷施:当作物和果树虫害猖獗时,宜在沼液中加入微量农药,其杀虫效果非常显著;根据作物和果树的营养需要,可加入0.05%~0.1%尿素喷施;也可加入0.2%~0.5%磷、钾肥喷施,以促进发育和结实。

3. 注意事项

(1)必须使用正常产气3个月以上的沼气池的沼液,其检验方法见前面所述。当沼液用于杀灭病虫害时,应现取现用。

(2)喷施量要根据作物品种、生长的不同阶段及环境条件确定。

(3)尽可能将沼液喷施于叶子背面,有利于农作物和果树的快速吸收。

(4)喷施的沼液需用纱布过滤,以去除其中的固形物。喷施工具为手动或自动喷雾器。

(5)根据作物和使用目的不同,可采用纯沼液、稀释沼液、沼液与某些农药、化肥的混合液进行喷施。

(6)沼液喷施时间应在早上8:00~10:00时进行;中午高温时会灼烧叶片;下雨前不要喷施,雨水会冲走沼液。

4. 沼液杀灭害虫的喷洒方法

(1)杀灭小麦蚜虫:每亩用沼液50kg加入30g农药"40%乐果乳剂"的混合液,喷洒小麦叶面和有蚜虫的茎部。蚜虫杀灭率可达到95%以上,其效果与农药乐果一样,还有一定的增产作用。无论天气阴、晴,只要在喷洒后6小时内不下雨,均有可靠效果。

(2)杀灭蔬菜蚜虫:喷洒所用混合液的配比为,沼液14kg、煤油2.5g、洗衣粉5.0g;每亩喷洒量为30kg,可连续喷洒2天。

(3)柑橘虫害防治:喷洒纯沼液可起防病、杀虫作用。一般情况下,红蜘蛛、黄蜘蛛在喷洒后3~4小时失去活力,5~6小时死亡率98%;蚜虫在喷洒后30小时停止活动,40~50小时死亡率94%;其他青虫在喷洒后3小时死亡,杀灭率达到99%。杀虫喷洒在晴天进行。

5.某些作物的叶面喷施方法

(1)棉花:全生长期均可进行。现蕾前沼液:清水,一般为1∶2;现蕾后为1∶1。每隔10天左右喷洒一次,不仅叶色厚绿、保花保铃,还兼治红蜘蛛和棉蚜。每亩沼液用量约为50kg,需要时可加入防虫治病的农药。

(2)烟叶:烟苗从9~11片叶开始,每7~10天喷施一次。沼液:清水为1∶1。每亩混合液用量为40kg,需要时可加入防虫治病的农药。

(3)茶叶:茶树从新芽萌发1~2片叶开始,每7~10天喷施一次。采茶期每次采收后喷施一次,沼液:清水为1∶1。每亩混合液用量为100kg。

(4)西瓜:喷施西瓜的沼液需根据不同生长期进行。第一次喷施,在西瓜伸蔓期进行,每亩地10kg沼液加入30kg清水。第二次喷施在西瓜的初果期,每亩地15kg沼液加入20kg清水。第三次喷施在西瓜果实膨大期,每亩地20kg沼液加入20kg清水。沼液喷施结合沼渣作基肥,可使西瓜亩产量达到3500kg以上,在有"枯萎病"的地区更为有效。

(5)葡萄:巨峰和玫瑰香葡萄可采用。喷施季节为展叶期、现蕾开花期、初果期和果实膨大期。每株葡萄每次喷施沼液:清水为1∶1的混合液0.5kg。沼液喷施后葡萄可增产10%左右,兼治病虫害。

(6)柑橘:根据柑橘生长过程可喷施沼液和清水为1∶1的混合液4~5次:第一次在柑橘有明显的绿色花蕾时进行,第二次在谢花后进行,第三次在生理落果基本停止时进行(一般在谢花后20天左右),第四次在果体膨大的壮果期进行。南方有的地方在采果之后每隔5~6天喷施一次沼液,共喷3~4次。主要目的是增强柑橘的抗冻害能力和有利于花芽的分化。

(三)沼液水培蔬菜

湖南省农科院土肥所经过两年的试验,用沼气发酵液作营养液进行蔬菜水培,获得了较好的效果。其配置程序较化学合成液简便,而且来源广泛。

1.水培设施 栽培系统分别由供液池、栽培槽和贮液池三部分组成(图9-3)。供液池位于栽培槽之上。栽培槽要有一定的坡降,其上端由管道与供液池相连,下端与贮液池相连。

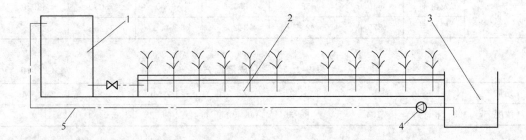

图9-3 水培设施示意图
1.供液池 2.栽培槽 3.贮液池 4.微型水泵 5.输液管

2.营养液液流系统 营养液通过供液管自动流入栽培槽再进入贮液池。通过水位控制器连接的微型水泵,将贮液池里的营养液抽回供液池,从而完成营养液的循环过程,依次周而复始。

3. 配制营养液　使用沼液作营养液,由于厌氧发酵液的营养成分随发酵原料不同而异(见表9-1),使用时,应根据沼液营养成分的分析结果,按化学合成液配方(见表9-2)补充适量所需营养元素,并用98%的磷酸调节,使 pH 值为 5.5～6.0。

表 9-1　厌氧发酵液中各种成分的含量　　　　　　　　　(1×10^{-6})

发酵原料		猪粪	牛粪	猪粪加稻草	猪粪加玉米秆	猪粪加稻草菇渣	猪粪加棉壳菇渣
NH_4-N	发酵前	420.75	134.75	374.0	327.75	396.55	353.93
	发酵后	1059.0	320.0	758.0	667.0	753.0	660.0
NO_3-N	发酵前	16.5	28.0	30.7	37.13	10.45	46.5
	发酵后	30.7	61.88	89.38	81.0	24.4	72.88
速 P	发酵前	2.5	15.5	1.5	2.5	4.0	2.5
	发酵后	7.5	135.0	20.0	5.0	12.5	7.5
速 K	发酵前	533.3	466.6	633.3	733.3	666.6	683.3
	发酵后	724.92	699.93	666.6	774.92	783.25	683.27
Ca	发酵前	41.66	18.75	104.17	36.76	137.5	79.17
	发酵后	345.34	56.23	540.54	104.16	497.30	648.64
Mg	发酵前				262.5	250.0	225.0
	发酵后	295.45	272.73	318.18	318.18	444.4	340.91
Cu	发酵前	痕量	0.12	痕量	0.12	0.05	0.12
	发酵后	0.12	0.10	0.26	0.10	0.18	0.18
Fe	发酵前	0.62	1.29	0.78	0.93	1.40	0.62
	发酵后	1.14	4.00	2.29	1.14	2.57	1.14
Zn	发酵前	0.156	0.156	0.134	0.178	0.156	0.156
	发酵后	0.243	0.554	0.514	0.243	0.216	0.176
Mn	发酵前	0.20	0.25	0.20	0.30	2.24	1.16
	发酵后	0.80	0.69	0.23	0.93	1.40	0.62
Na	发酵前	640.0	455.0	655.0	595.0	730.0	630.0
	发酵后	375.0	2.5	312.5	1550.0	312.5	262.5

表 9-2　化学合成液配方　　　　　　　　　(1×10^{-6})

元素	N	P	K	Mg	Ca	Zn	Cu	Mn	Fe	B	Mo
浓度	303	41	194	41	361	0.43	0.40	0.25	6.0	0.28	0.25

二、沼液在养殖业中的利用

(一)沼液喂猪

1. 实践与结论　沼液喂猪是安徽省阜南县农民 1987 年在养猪实践中的新发现。该县由三户农民试用沼液喂猪 10 头开始,到 1988 年 6 月发展到 1500 户,共 4000 余头猪。通过两年的养猪实践,经国家农业部等18个单位20多名专家的评议,其鉴定意见是:"沼液喂猪安全可靠,使用方便,饲喂沼液的猪爱睡,背毛光泽好、皮肤光滑、生长速度快、饲料报酬高、育肥期缩短,提高了养猪的经济效益,促进了养猪生产的发展;经抽样屠宰化验,肉质感官鉴定均达到了国家标准(GB2722-81)"。专家评语为:

(1)色泽:肌肉有光泽,红色均匀,脂肪洁白。

(2)粘度:外表微干或微湿润,不粘手。

(3)弹性:指压后凹陷立即恢复。

(4)气味:具有鲜猪肉的正常气味。

(5)煮沸后肉汤:透明澄清,脂肪团聚在表面,具有香味,无异味。

以上这些指标与对照无明显差异。对猪肉、猪肝和猪肾的理化、卫生指标也进行了检验,其结果和对照组没有差异。

所谓沼液喂猪并不是用沼液替代猪饲料,而只是把沼液作为一种猪饲料的添加剂,起到加快生长、缩短育肥期和提高料肉比的目的。一系列研究和实际应用的结果表明,在猪饲料的营养成分能完全满足猪生长要求的情况下,添加沼液喂猪并无显著作用。但在我国农村,部分农民养猪的饲料多为自产的农副产品,因此饲料单一、营养不全。只有在这种情况下,添加沼液才能起到饲料添加剂的作用;沼液喂猪才能取得比较满意的效果。为了确保猪肉的质量,一些养猪专业户在出售前一个多月即停止饲喂沼液。其效果不错,可以借鉴。

2. 效果与认识

(1)经过科研单位多次试验和众多农民的实践表明,沼液喂猪的效果主要表现在以下方面:

①促进了猪的生长,育肥期缩短了1～2个月。

②提高了饲料转化率,降低了养猪成本,料肉比为3.6：1。养一头同样体重的猪(100kg左右)可节约饲料80kg左右。

③体态发育良好。经宰后检验,各组织器官的色泽、硬度、大小、弹性均无异常,未查出传染病和寄生虫病,胴体肌肉较为丰满,各项检验指标均符合部颁标准。

④简便易行,群众易于掌握应用。

(2)沼液为什么能喂猪?人畜粪便和有机质入沼气池后,在密闭的沼气池中进行厌氧发酵,一些不易被吸收的粗蛋白、粗纤维和脂肪在厌氧环境中,经过多种微生物分解发酵,粗纤维分解成葡萄糖和粗蛋白分解成氨基酸。据科研单位化验,沼液中含有17种氨基酸、B族维生素和铜、铁、锌、钼等微量元素。这些都是猪生长过程中必需的营养物质。

由于厌氧发酵,沼液中无寄生虫卵和有害的病源微生物,喂猪安全可靠;还具有防病、治病(如僵猪、猪丹毒和仔猪副伤寒等疾病)和杀虫(蛔虫等)的作用。所以,沼液是喂猪的优质饲料添加剂。

(3)沼液喂猪的方法:

①沼液的准备。必须取正常产气一个月以上的沼气池的沼液才能喂猪。先把沼气池出料口的沼液面上的浮沫撇开,取其液面下20～30cm处的清液,经纱布过滤后搅拌或放置1～2小时(让氨气跑掉),再添加入饲料中(必要时加入少量清水)拌成流质料喂猪。

②预试阶段(15天左右)。猪进圈后不宜立即在饲料中添加沼液,要有一个预试阶段。在圈中,用缸子盛一些沼液让猪先嗅闻沼液的气味,或让猪饿1～2顿再吃少量沼液拌和好的饲料

喂猪。习惯后,由少到多加喂沼液直到乐于食用。

③饲喂方法与添加量。一般从 20kg 猪开始饲喂,按饲料：沼液为 10：0.5～1.0 添加沼液;一个月后按 5：1 添加沼液;50kg 以上的猪按 3～4：1 添加沼液。总之,掌握用量由少到多、随着猪的体重增加而增加,达到最高添加量时应稳定下来。添加方法:先用少量清水拌和猪饲料,再加入沼液拌匀即可;可直接用沼液拌料;可在猪进食前后单独喂沼液。

(4)注意事项:

①沼液喂猪要注意猪的采食状况,以吃完不剩为适量。如果适口性差,吃有剩余应减量。

②沼液饲喂 20kg 以上的猪效果好。

③沼液不能代替饲料,不要减少每日饲料量。

④病态池的沼液不能喂猪,对猪有害。

⑤沼液的 pH 值以 6.8～7.2 最好,可用 ph 试纸检测。

⑥沼液喂猪要与加强沼气池管理结合起来,严禁有毒物质投放池内。

⑦猪喂沼液后,通常有皮肤泛红、爱睡的现象,这是正常现象。若猪拉稀,说明沼液过量或一时肠胃不适应,可以减量或停 1～2 天后再喂,不治自愈;如果仍不见好转,需请兽医检查治疗,待猪身体正常后再逐步添加沼液饲喂。

⑧仔猪不要喂沼液,胃肠不适应长得慢。母猪发情前喂,可提前发情,产仔多;发情后和怀孕后不能喂,容易堕胎和影响小猪生长;产后喂可以发乳和提高乳的质量。

(5)沼液喂猪的安全性:已有的研究和实地检测结果表明沼液喂猪是安全的。在沼液中加入致病的猪霍乱沙门氏菌、大肠杆菌,再将带菌沼液稀释后注入 6 只小白鼠体内。一周内 5 只小白鼠死亡,说明这些病菌致病力强。再将这几种病菌注入沼气发酵环境中一个月后,将混有病菌的沼液注入小白鼠体内,小白鼠全部存活,说明沼气池能有效杀灭这些致病菌。猪病源菌在沼液中存活时间,见表 9-3。

表 9-3　沼液中猪病源菌存活时间

试 验 日 期	大肠杆菌样菌落数 (CFU/mL)	沙门氏菌样菌落数 (CFU/mL)	小白鼠致死率 (死亡数/总数)
92.5.18 加菌前	9×10^{10}	2×10^8	0/6
93.5.18 加菌后	10×10^{10}	5.4×10^{10}	5/6
94.6.22 加菌一个月	6×10^{10}	3×10^{10}	0/6
92.7.22 加菌两个月	0	6.5×10^5	0/6
92.8.21 加菌三个月	0	1.5×10^4	0/6

此外,沼气发酵对寄生虫卵发育影响的研究结果表明:蛔虫卵、结节虫卵、鞭虫卵及球虫卵囊均未形成感染性虫卵。这几种虫卵都受到了沼气发酵的抑制,而不再具有感染能力。因此,从寄生虫角度看,沼液喂猪也是安全的。

(二)沼液养鱼

1. 沼液养鱼的综合效益　养鱼用的沼液不必进行固液分离处理,所含的固形物比用于叶面喷洒的沼液多。沼液和沼渣可轮换使用。沼液放置 3 小时以上,使用效果会更好。

鱼塘施用沼液,除部分直接作饵料外,主要是通过促进浮游生物(动、植物)的繁殖来饲养鱼类。其效果要比施用猪粪优越,见表 9-4。

表 9-4　沼液养鱼与常规方法浮游生物量比较

项目名称	1983 年			1984 年		
	叶绿素 (mg/m³)	浮游植物 (mg/L)	浮游动物 (mg/L)	叶绿素 (mg/m³)	浮游植物 (mg/L)	浮游动物 (mg/L)
沼　液	107.64	21.39	1.294 3	122.56	24.51	5.50
猪粪水	81.47	16.25	1.787 4	85.50	17.10	2.95

沼液养鱼还可减少疾病的传染。从四川省寄生虫病防治所调查的结果表明,鱼的细菌性肠炎病、烂鳃病等由过去的 60%～70%下降到 5%。在投肥情况基本一致的条件下,沼肥鱼池和投放鲜猪粪的鱼池相比,有提高产量和质量的趋势,见表 9-5。

表 9-5　鱼产量的比较

项目 鱼种	放种量 (kg)		捕获量 (kg)		折合亩产 (kg/亩)		增产情况	
	沼肥池	猪粪池	沼肥池	猪粪池	沼肥池	猪粪池	kg/亩	%
白　鲢	28.1	29.0	75.8	139.7	144.7	135.5	9.2	6.8
鳙　鱼	5.5	6.2	31.5	38.0	38.5	38.9	−0.4	−1.0
编　鱼	13.9	18.8	64.4	67.2	74.8	59.2	15.6	26.3
草　鱼	4.8	5.3	28.6	29.6	57.9	29.8	28.1	94.3
青　鱼	5.7	2.7	21.0	14.5	22.6	12.6	10.0	79.4
鲤　鱼	3.0	3.7	70.0	64.0	99.4	72.1	27.3	37.9
鲫　鱼	3.5	3.6	37.7	9.5	13.7	7.3	6.4	87.7
合　计	64.5	69.3	329.2	362.5	451.6	355.4	96.2	27.1

注:表中资料来源于长江水产研究所。

沼液养鱼具有减少鱼病、节约化肥、饵料和产量有所增加等优点,因而有较大的经济效益。

2. 鱼塘沼液养鱼　江西省上高县沼气办公室提供的方法:采用隆氏盘法每两天测定一次水色透明度,并对池塘的浮游生物、溶氧、水质营养盐分等进行定期、定量、定性的分析试验,用以指导沼渣、沼液下塘的数量和时间。经过实践,总结出以下几点:

①4、5、10、11 月水色透明度不低于 20～25cm;6～9 月水色透明度以 10～15cm 为宜。为达到上述要求,沼肥下塘数量为液肥每次不超过 200～300kg/亩,渣肥每次不超过 100～150kg/亩。由于 6～9 月气温高,鱼类生长快,耗食量大,只要水色透明度变化不大(变幅不超过确定值的 5cm 以上),就可适当加施。保持渣、液肥比例为 1:2 左右。

②沼肥宜在晴天施用,隔 2 天一次,采取浇泼方式,于池塘全方位进行。

③渣肥与液肥应轮换交替进行施用,而且取出后,每次稍搁置 10～15 分钟才可入池。

④当水色透明度低于 10cm 时,应严密观察塘内的鱼是否浮头。如一般在鱼出现后即沉入水底则为正常,如久久不入水底,则需适当灌水,防止泛塘。另外,按照沼肥营养丰富、养料齐全的优势,应最大限度地考虑利用水体和天然饵料,达到提高养鱼经济效益为目的。可采取肥水鱼与吃食鱼并举的技术。即:放养滤食性的鲢鱼、鳙鱼占 30%左右;放养杂食性的鲫鱼、罗非鱼、鲤鱼占 40%～50%;放养吃食性草鱼占 20%～30%。按照这一方法,两年应用的结果是:在

水面均深 1.05m 的池塘内,每年净产成鱼 481.6kg/亩,较普通对照塘 184.6kg/亩多 297kg/亩;各类鱼的成活率较对照塘要高 30%~51%;净盈利为 1603.28 元/亩,较对照塘 819.46 元/亩,要多 783.82 元/亩;鱼的增肉倍数为 6.95 倍。

3. 稻田沼肥养鱼 四川省绵竹县农村能源局提供的方法如下:

(1)稻田整理成型:栽秧前,在田中每隔 4~5m 挖深为 0.25m,宽 0.30m 的鱼沟,长度按田的大小而定。鱼沟成井字形,构成网状。并加高田埂,高度一般为 0.40~0.60m。在鱼沟交接处挖鱼坑,供鱼生息,尺寸一般长 1m,宽 0.40m,深 0.60~0.80m。挖好鱼坑后,施放沼渣 750~1000kg/亩,以水色呈茶黄色能看清伸入水下 0.20m 深处的手背为宜。

(2)鱼苗选配及投入数量:由于不同鱼种的生长特性、吃食饵料不同,因此沼肥稻田养鱼品种选配尤为重要。一般采取肥水鱼与吃食鱼搭配喂养,即以鲫鱼为主,适当搭配鲤鱼。这样:一是充分利用沼肥的养料;二是利用水体和稻田中的天然饵料,促进鱼苗快速生长。稻田插秧后,将长 4.5cm 左右的鱼苗按每亩 500~700 尾投放稻田。若鱼苗长度小于 3cm,应适当增加投放数量,一般为 800~1000 尾/亩。

(3)沼肥施用方法:沼渣主要作基肥,沼液作追肥施用较为理想。每隔 5~7 天施沼肥一次,每次 200~350kg/亩。开始少施,随着鱼苗的长大逐渐增加用量,同时应适当投放精料和青草。沼肥宜在晴天施用,水肥喷施,渣肥撒施,施肥时间以早上 7~8 点为最好。渣、液比是 1:4。施肥应分片进行,不宜满田撒泼,以免水体富含营养而缺氧。施肥后,水色的透明度应保持在 4、5 月不低于 0.20~0.25m,6、7、8 月以 0.1~0.15m 为宜。

(4)田间管理:水稻防治病虫害时,应选用高效低毒农药。喷农药正确方法是:将喷嘴头朝上,使农药直接喷洒在稻叶和茎秆上(最好采用沼液浸种方法,这样可增强秧苗抗病虫害能力,减少施放药次数)。在稻田出、入水口加装遮拦,防止鱼苗流失以及鸭子下田吃鱼。为防治鱼烂鳃病,可用少量的大蒜将其捣碎拌和饵料喂养。

(5)注意事项:

①每次取出沼肥应放置 10~15 分钟再用。

②在投放鱼苗时应以浓度为 3% 的盐水将鱼苗放入 3~5 分钟,防止鱼生白头、白嘴、赤皮等病。

③7 月中下旬晾秧时,若需继续喂养,稻田就不能干水。打完谷子后,向稻田内注水至 0.30~0.50m 深。由于水深和鱼逐渐长大,沼肥的用量也应增加,每次 400~500kg/亩为宜,如辅助其他饲料效果更好。

4. 沼肥养鳝鱼 沼肥养鳝鱼具有投资少、成本低、效益高、收效快、管理简便等特点。具体作法是:

(1)建好鳝鱼池:池基选择向阳,靠近水源,能防洪冲击,不易渗漏,土质良好的地方;面积不宜过大,一般以 4~5m² 为宜,大型的可达 10~15m²,可以联片建成池组;池深 1m 左右,池底为平底;采用水泥池或三合土池。池堤可用砖砌、用水泥板或三合土护坡。池堤以上应略向内倾斜。进、出水口要安装铁丝网,以防鳝鱼打洞逃逸。

为适应鳝鱼穴居习性,挖好池坑后,从池底向上沿着池墙四周用直径约 15~30cm 大小的乱石安砌一道高 45~60cm,宽 15~30cm 的巢穴埂。用田里的稀泥糊盖乱石的缝口,以便鳝鱼在巢穴埂的稀泥缝中打洞做穴。再将沼渣和田里的稀泥各一半混合好后,均匀地铺在鳝鱼池内,厚度为 45~60cm,作为鳝鱼的基本饲料和夜间活动场所。铺完料后就放水入池,池内水深

20cm 左右。并种植一些水生植物,如水浮莲、芋头、菱瓜等,可以遮阳,净化水质,有利于鳝鱼潜伏在下面,还可改善鱼池环境。

(2)饲养管理:放水深度,冬、春天为 15cm,夏天 60cm,秋天 30cm 左右;北方寒冷季节应排干池水,盖上稻草保温。放养鳝种应选择体质健壮,无病无伤,规格整齐的苗种,重量以 20～25g/尾为宜。一般密度为 60 尾/m² 左右,另可混养 0.5～1kg/m² 泥鳅。黄鳝是肉食性鱼类,喜食鲜活饵料,如蝇蛆、蚯蚓、蚌肉、螺肉、鱼虾、蚬虫、鲜蚕蛹、牲畜内脏以及麦麸、糠饼、菜叶等,以蚯蚓最好。现在也有喂混合配方颗粒饲料的。刚放鳝苗时,投饵宜在傍晚进行,以后逐渐提早到下午 2 时投饵。一般每天投一次,日投饵量为黄鳝体重的 5%～10%。鳝鱼既耐饥又贪食,投饵时要注意适量和经常,不可过低或过高,过低影响黄鳝生长,过高易导致黄鳝胀死。投饵要全池遍撒,防止集中一处投饵,引起鳝鱼互相争食。5～9 月为黄鳝生长的旺季,此时应保证提供质好量足的饵料,以促进黄鳝快速生长。5 个月以后,每隔 1 个月左右,向鳝鱼池内投放新鲜沼渣 50kg/m² 左右。投沼渣后 7～10 天左右进行换水,以后每隔 2～3 天更换一次新水。因为鳝鱼消耗氧气较多,要求池水清澈,含氧量丰富,保持池内良好的水质和适当的溶氧含量。换新水后,应适当加入沼液,以利于微生物的生长。

(3)鱼病防治:平时要加强管理,发现鳝鱼缺氧浮头时,应立即换水。

①要注意防止鳝鱼生梅花斑状病(腐皮病)。如果发现鳝鱼背部出现黄豆或葫豆大小的黄色圆形病斑时,应及时治疗。此病传染较快,可以引起池鱼大批死亡。可在池内投放几只活癞蛤蟆。其身上的蟾酥有预防和治疗梅花斑状病的作用。平时应经常洗池换水。在无癞蛤蟆的情况下,用红霉素按 25 万单位/m³ 水全池泼洒;同时按每 100kg 鳝鱼用磺胺噻唑 5g 拌饵投喂,每天一次,连续 3～6 次。

②烂尾病。此病于密集养殖与运输途中容易发生。主要症状是:病鳝尾部发炎充血,继之肌肉坏死腐烂,尾脊椎骨外露,病鳝头部伸出水面,反应迟钝,活动无力。防治方法:一是,注意鳝池清洁卫生;二是,用 0.22×10⁻⁶ 呋喃唑酮全池泼洒或用 0.25 单位/mL 的金霉素浸洗消毒。

(4)苗种来源:目前主要是靠捞取自然受精鱼卵,或捕野生的小鳝鱼。每年立夏到端午节前为鳝鱼产卵繁殖的全盛期。根据鳝鱼的习性,可以在浅水湖泊、池塘、沟港和稻田的岸边,寻找鳝鱼的产卵鱼巢,就能捞取到受精鱼卵或鱼苗。一般在雷雨后的傍晚或凌晨,鳝鱼产卵前,先在居住的洞口吐泡沫筑成鱼巢,见到泡沫,说明产卵在即。然后产卵到里面,卵径一般 4mm。卵膜半透明,呈淡黄色,内有油球。受精卵借泡沫的浮力,浮在水面上孵化。一经发现鳝卵,可用纱布做成的小纱网采集,置于面盆或木桶内孵化。盆(桶)中加水 10cm 深,水温在 30℃ 左右,6～7 天后,脱膜而出变成仔鱼。天然条件下,也是 6～7 天,而且刚孵的鳝苗是集中在一起的,在水中呈黑色一团。出膜后 5～7 天开食。开食饵料主要是丝蚯蚓。此时,即可放入育苗池培育。

幼鳝饲养池可选用 2～5m² 的水泥池,池深 50cm,池底铺田泥和沼渣各半的混合泥,厚 10～20cm。预先用马粪、牛粪、猪粪、沼渣与泥土拌和在水中做成块状分布肥水区。先用肥水培育出丝蚯蚓。池面上遮荫,水深不超过 10cm。开始几天,幼鳝主要是食丝蚯蚓,并且它能自动钻入这些肥水区觅食,此时可适当加入沼液,以后可投些蝇蛆。在繁殖池内加些丝瓜筋和柳树根等柔软多孔物,作为鳝鱼的隐蔽、栖息场所。这样到第二年长到 20g 左右即可作种鳝放养。

5.**沼肥养泥鳅** 泥鳅是一种高蛋白鱼类,不但味道鲜美,而且药用价值很高。日本人誉之为"水中人参"。泥鳅肉质细嫩,其营养价值高于鲤鱼、黄鱼、带鱼和虾等。泥鳅还是一味良药,有温中益气的功效,对治疗肝炎、盗汗、痔疮、跌打损伤、阳萎、早泄等病症均有一定的疗效。对中老年尤为适宜。它脂肪含量少,含胆固醇更少,且含有一种类似碳戊烯酸的不饱和脂肪酸,这是一种抵抗人体血管硬化的重要物质。

(1)鳅池建造:鳅池以面积 1～100m² 、池深 0.7～1m 为宜。池壁要陡,并夯紧捶实,最好用三合土或水泥,以防泥鳅逃逸。进出水口要安装铁丝网,网目以鳅苗不能逃逸为度;池底铺设 20～30cm 厚的沼渣和田里的稀泥各一半混合好的泥土,并做一部分带斜坡的小土包。土包掺入带草的牛粪,土包上可以种点水草,作为泥鳅的基本饲料和活动场地,因为泥鳅喜欢在水草下面活动。在排水口处底部挖一鱼坑,坑深 30～40cm,大小为鳅池的 1/20,以便泥鳅避暑和捕捉。鳅池建好后,用生石灰清塘消毒,待药性消失后,即可放水投放鳅苗。

(2)饲养管理:

①泥鳅的繁殖。自然产卵,选择一小型产卵池(水泥池、土池均可),适当清整后注入新水。按每立方米水体用生石灰 100g 化浆泼洒全池,待药性消失后,按雌、雄比例 1:2,投放雌鳅 0.3kg/m²。当水温达到 15℃ 以上时,即用棕片或者柳树根,水草扎成鱼巢分散放在池中。发现泥鳅产卵于巢上,应及时取出转入孵化池孵化。也可在原产卵池内孵化,但必须将雌鳅全部捕出,以免雌鳅大量吞鳅苗。

人工孵化,孵化池的水流量以翻动鳅苗为度,过小则鳅苗沉积池底窒息致死;过大则消耗鳅苗体力,导致鳅苗死亡。泥鳅卵在适宜水温(20～28℃)下,一般 1～2 天即可出膜孵出幼苗。为能及时掌握雌鳅发情时间,将其捕出进行人工受精。即将泥鳅精、卵挤入盆中,用鹅毛搅拌,1 分钟后,再徐徐加入适量滑石粉水(黄泥浆水也可)充分搅拌。受精卵失去粘性后,便可放入孵化缸或孵化槽中孵化。一般每立方米水体可孵化鳅卵 50 万粒左右。

②鳅苗的饲养管理。刚孵出的鳅苗必须专池培育,池内水深 30～50cm,放养密度为 800 尾/m² 左右。如能实行流水饲养,放养密度可加大到 2000 尾/m²。饲养初期投喂蛋黄、鱼粉、米糠等,尔后日投饵按鳅苗总重量的 2%～5% 投喂配合饵料和适量的沼液。沼液既可供鳅苗直接吞食,又可繁殖浮游生物,补充饵料。6～9 月投饵逐渐提高到 10% 左右。沼液投入也适量增加,每天分上、下午各投喂一次。沼液投入后,使浮游生物大量繁殖,保持池水呈浅绿色或茶褐色,这有利于吸收太阳的热能,提高池水的温度,促进泥鳅的生长。沼液应多次少量地投放,以喷洒为好。施投后要经常对鳅池进行检查,若溶氧量偏低,应及时采取增氧措施。8～9 月水温增高,泥鳅生长快,耗食量大,可适当多施投。一般水的透明度应不低于 20cm,高温季节以 10cm 为好。如透明度过低,就应进行换水。

③成鳅的饲养管理。成鳅池适宜水深为 50cm 左右。放养密度为 0.1kg/m²(尾长 5cm),投喂麦麸、米糠、米饭、菜籽饼粉、玉米粉、沼渣、沼液等,日投入量按泥鳅体重计算:3 月为 1%,4～6 月为 4%,7～8 月为 10%,9～10 月为 4%,11 月至来年 2 月可不投饵。沼渣、沼液可交换投放,仍是次多量少,根据水质变化而定。刚投完沼肥不宜马上放水(除溶氧量太低外),这有利于泥鳅直接吞食和浮游生物的生长。酷暑季节,鳅池上方要搭设荫棚(最好栽葡萄或瓜果),并定期加注新水入池。冬季可在鳅池四角堆放沼渣、牛粪、猪粪,供泥鳅钻入保温。

(3)沼肥养泥鳅的好处:

①有利于泥鳅的生长。沼肥含有多种氨基酸和微量元素,营养价值高,泥鳅可以直接吞食,也可以培养大量浮游生物增加饵料;不败坏水质,能提高池温,有利泥鳅的生长。

②减少泥鳅疾病。由于沼肥经过了厌氧发酵处理,细菌和寄生虫卵绝大部分已经沉降或杀

灭,故用沼肥喂泥鳅,能有效地防止疾病的发生。大量事实证明:投喂沼肥对鱼类有免疫作用。所以,投喂沼肥后,不仅鱼长得快,死亡率低,而且产量高,成本低。

(4)泥鳅常见病防治:

①白身红斑病。主要症状为泥鳅体表和鳍条呈灰白色并出现红色环纹。发现此病后,应及时用$(0.2\sim0.3)\times10^{-6}$的孔雀石绿全池泼洒治疗。

②红鳍病。因水质恶化和饲养不当所致。主要症状为病鳅腹部、肛门周围充血发炎,鳍条充血呈红色。防治方法:将收购和饲养的泥鳅苗种,用0.2×10^{-6}的孔雀石绿浸泡消毒,然后用呋喃唑酮拌饵投喂。

③寄生虫病。鳅苗饲养阶段,常有车轮虫、杯体虫、三代虫寄生,引起鳅苗体质下降而逐渐死亡。主要症状为:泥鳅体表粘液增多,离群独游,漂浮水面,食欲减退等。防治方法:用0.5×10^{-6}的晶体敌百虫全池泼洒。

(三)沼液喂鸡

沼液喂鸡:一种方法是将沼液拌和在鸡饲料中饲喂;另一种方法是与清水混合后供鸡饮用。

1. 肉鸡的饲喂方法　一般每只肉鸡每天采食1.12kg,沼液添加量为每只每天0.3kg。饲喂沼液90天后,比不添加沼液的鸡重30%左右。

2. 蛋鸡的饲喂方法　经试验表明,不同发酵原料的沼液喂鸡的效果有一定差异。沼液喂来杭鸡,用牛粪作为发酵原料的沼液与清水的配比为3∶7,产蛋率可达到62.4%(不喂的为54.68%),提高8%左右;用鸡粪作为发酵原料的沼液与清水配比为3∶7,产蛋率提高9%;用猪粪作为发酵原料的沼液与清水配比为3∶7,产蛋率提高7%。

(四)沼液喂奶牛

根据江西省九江市瑞昌县农村能源站提供的试验结果表明,用沼液与饲料拌和比例为1∶1.5～2喂奶牛时,平均每天增加产奶量2.3～2.4kg。其经济效益十分显著。

(五)沼液喂兔

根据浙江省新昌县农村能源办等单位试验,每只兔每天中午喂70g精饲料(配合饲料)配50g沼液一次;早、晚照常饲喂季节性草料。试验结果,每只成年兔平均净增兔毛27.9g。

第四节　沼渣的综合利用

一、沼渣的成分和特性

沼渣是人畜粪便、农作物秸秆和青草等各种有机物质经沼气池厌氧发酵产生的底层渣质。由于有机物质在厌氧发酵过程中,除了碳、氢、氧等元素逐步分解转化成甲烷和二氧化碳等气体外,其余各种养分基本都保留在发酵后的残余物中。其中一部分水溶性物质残留在沼液中;另一部分不溶解或难分解的有机、无机固形物则残留在沼肥残渣中。由于残渣往往吸附了大量可溶性的有效养分,故又俗称"沼肥"。

沼渣中的主要养分有有机质、腐殖酸、全氮、全磷和全钾。由于各地发酵原料种类和配比的不同,沼渣养分含量常有一定差异。根据对一些地区沼渣的分析结果,其主要养分含量列于表9-6,供参考。由表9-6可见,沼渣营养成分较丰富,尤其腐殖酸含量很高,达到了10%～20%。

由于腐殖酸对改良土壤有重要作用,因此,沼渣改良土壤功效明显。

表 9-6　户用沼气池干沼渣的主要营养成分

样　品	有机质（%）	腐殖酸（%）	全氮（%）	全磷（五氧化二磷%）	全钾（氧化钾%）
沼　渣	30～50	10～20	0.8～2.0	0.4～1.2	0.6～2.0

从表 9-7 中可以看出,在厌氧条件下形成的沼渣与通常的堆肥相比,保肥效果好得多。因此沼渣的肥效比堆肥高。

表 9-7　沼渣与堆肥对氮素保留情况对比

处　理	肥　种	发酵前			发酵后			
		全氮		有效氮	全氮		有效氮	
		（%）	g/瓶	g/瓶	g/瓶	损失(%)	g/瓶	损失(%)
猪粪：麦秸	沼肥	1.41	17.5	3.3	15.76	10	8.35	154
4：1	堆肥				12.47	28.7	1.46	-55
猪粪：牛粪：人粪	沼肥	1.88	22.76	3.36	22.5	1.23	11.0	227
1：1：1	堆肥				19.04	16.4	0.49	-72
猪粪：牛粪：人粪	沼肥	2.86	36.90	6.47	35.90	2.86	25.94	71.5
2：1：1	堆肥				32.03	14.69	5.10	15.6

综上所述,沼渣含有较全面的养分和丰富的有机物质。其中一部分被转化成腐殖酸,所以它是一种缓、速兼备又具改良土壤功效的优质肥料。若每亩地施用 1000kg（湿重）沼渣,相当于土壤补充了氮素 3～4kg、磷 1.25～2.5kg 和钾 2.0～4.0kg。

二、沼渣的施用方法

从沼气池底部直接取出的沼渣,固体含量一般在 10%～15%。通常在春、秋季大量用肥时作为底肥施用。每亩施用量为 1000～2000kg。施用方法很简单,果树施于基坑内;其他作物直接施于沟、穴或撒入土壤中。

多种发酵原料的沼气池,每年大约可利用作物秸秆 1000kg（每年需大换料两次）和平均两头成年猪的粪便。这样一个户用沼气池每年大约能提供 5000kg 固体浓度较高的沼渣（固体含量 15%）,基本满足 1～2 亩农田基肥的需要。

单一粪便发酵的沼气池,若每天有相当于 3 头成年猪的粪便入池,则每年可提供的沼渣量为 2000kg（浓度为 15%）,只能满足 1 亩左右农田基肥的需要。

三、沼渣的肥料效果

（一）改良土壤结构

沼渣中含有较多的腐殖酸,能产生持续的效果。胡敏酸又是腐殖酸中的重要组成物,从表 9-8 可以看出其浓度为 0.05%～1.0%、施用量为土壤重量的 $(1/1.5～1)×10^{-5}$ 的情况下,土壤自然团粒总数可增加 1.5～3 倍。其中水稳性团粒增加 8.5%～20.5%。由此可见沼渣改良土壤之功效。

表 9-8　腐殖酸对土壤的改良作用

胡敏酸浓度处理（%）	用量（%）（按土壤重）	大于 2mm 的粒级			0.5～2mm 粒级		
		团粒重量	水稳性团粒重量	水稳性团粒（%）	团粒重量	水稳性团粒重量	水稳性团粒（%）
对照	—	3.6	2.67	75.9	19	14.1	74.6
0.25	0.34	10.30	9.18	88.4	38.5	31.8	83.1
0.1	0.005	6	5.33	90.5	35.1	32.23	91.6
0.05	0.001	5.5	4.9	92	31.19	31.19	95.2

（二）增加土壤有机质

表 9-9 是连续两年施用沼渣后，土壤有机质及氮素含量的变化情况。通过此表可看出沼渣的确能增加土壤有机质；纯施化肥对土壤的有机质和含氮量都会降低。因此，化肥必须与有机肥配合使用。

表 9-9　连续两年施用沼渣之后土壤有机质及氮素含量的变化情况

处　　理	有机质（%）			氮素（%）		
	试验前	试验后	比试验前增加（%）	试验前	试验后	比试验前增加（%）
对照	1.59	1.69	0.10	0.086	0.088	0.002
沼渣 15 000kg/hm²	1.61	1.92	0.31	0.084	0.092	0.008
沼渣 45 000kg/hm²	1.57	2.06	0.49	0.076	0.113	0.037
沼渣 90 000kg/hm²	1.91	2.43	0.52	0.092	0.123	0.031
硫铵 1 174.5kg/hm²	1.99	1.83	−0.16	0.096	0.095	−0.001

注：hm² 为公顷

（三）农作物增产

沼渣作为一种优质有机肥，对大田作物有很好的增产的作用。每亩施用沼渣 1000～1500kg，并配合其他措施，水稻增产 9.1%、玉米增产 8.1%、红苕增产 13% 和棉花增产 7.9%，见表 9-10。沼渣对不同土壤生长的农作物也有增产作用，紫色土水稻增产 3.7%、灰色土棉花增产 9.1%，见表 9-11。

表 9-10　沼渣对当季作物增产效果

作　物	沼渣用量（kg/hm²）	产量（kg/hm²）		增　产	
		沼渣区	对　照	（kg/hm²）	（%）
红　苕	22 500	24 270	21 472.5	2 797.5	13
水　稻	22 500	6 539.25	5 991.75	547.5	9.1
玉　米	22 500	5 006.25	4 632.75	373.5	8.1
棉　花	22 500	1 249.5	1 157.25	92.25	7.9

注：hm² 为公顷

表 9-11　沼渣在不同土壤增产效果

作　物	沼渣用量 (kg/hm²)	土　壤	产量(kg/hm²)		增　产	
			沼渣区	对　照	(kg/hm²)	(%)
水　稻	16 875	紫色土	11 025	11 447.5	422.5	3.7
玉　米	16 875	紫色土	4 854	4 294.5	559.5	13
棉　花	15 000	灰色土	6 539.25	5 991.75	547.5	9.1

注:hm² 为公顷

四、沼渣与其他肥料配合施用方法

(一)沼渣与磷肥配合施用方法

将沼渣和磷矿粉按 10～20:1 的比例混合均匀,再将这种混合物与有机垃圾或碎秸草一起堆沤。堆沤方法:先放一层 20～30cm 厚的沼渣与磷矿粉的混合物,再放一层 30～40cm 厚的有机垃圾……如此分层堆放,形成高 1.5m 左右的肥料堆;盖严塑料布或用泥土敷在肥料堆表面并打紧压实。堆沤 30 天以上,再翻堆堆沤 15 天左右就制成了沼腐磷肥。这种肥料对缺磷土壤有显著的增产作用。从表 9-12 中可以看出,每亩施用沼腐磷肥 200～500kg 的情况下,比"对照"增产 9.8% 以上。采用这种方法可以合理有效地利用低品位的磷矿资源。表 9-13 是不同堆沤期沼腐磷肥中的五氧化二磷含量,由于在堆沤 55 天时五氧化二磷含量最高,85 天后五氧化二磷含量开始下降。因此,这种沼腐磷肥在 1～2 个月内使用效果最好。

表 9-12　沼腐磷肥增产效果

处　理	水稻(2)		小麦(13)		红苕(3)		油菜(5)	
	kg/hm²	增产%	kg/hm²	增产%	kg/hm²	增产%	kg/hm²	增产%
磷矿粉 300～375 (kg/hm²)	4 650	6.6	4 189.5	11.4	4 425	6.7	9 225	0
沼渣 3 000～7 500 (kg/hm²)	4 757.25	9.1	4 350	13.8	4 875	17.6	9 757.6	5.8
沼腐磷肥料 3 300～7 875 (kg/hm²)	4 899.75	12.3	4 587.75	15.7	4 952.25	19.1	10 125	9.8
对　照	4 361.25	—	3 964.5	—	4 155		9225	

注:作物名称后括号内的数字是试验次数。hm² 为公顷

表 9-13　不同堆沤期沼腐磷肥中的五氧化二磷含量　　　　(%)

处　理	第 3 天	第 28 天	第 55 天	第 85 天	第 100 天
磷矿粉:沼渣(5:100)	0.678	1.32	1.38	1.25	0.64
磷矿粉:沼渣(10:100)	0.818	1.47	1.73	1.65	0.59

(二)沼渣与氮肥配合施用方法

磷铵和氨水均易挥发。沼渣与其混合施用能促进化肥在土壤中的溶解和吸附,并刺激作物吸收。这样可减少氮素损失,提高化肥利用率(表 9-14)。实际应用这种混施方法可使玉米增产 37.6%。

表 9-14　沼气发酵料液与氨水混施方法减少氮素损失效果

处　　理	用量及方法	48 小时内地面氮素损失（%）
单施沼气发酵料液	50g/株穴，深 7cm 覆土	微量
单施氨水	5g/株穴，深 7cm 覆土	19.6
氨水和沼气发酵料液混施	氨水 2.5g/株穴，深 7cm 覆土 沼液 25g/株穴，深 7cm 覆土	7.4

五、沼渣的其他利用技术

（一）沼渣种蘑菇

蘑菇是一种腐生真菌，不能利用太阳进行光合作用，完全依靠培养基料中的营养物质生长发育。因此，培养基料是蘑菇栽培的物质基础。沼渣所含的有机质、腐殖酸、粗蛋白、钾、磷以及各种矿物质均能满足蘑菇生长的需要。沼渣的酸碱度适中、质地疏松、保墒性好，是人工栽培蘑菇的好培养基料。沼渣种蘑菇具有成本低、效益高和省料等优点。有多年种植蘑菇历史的浙江省武义县农村能源办公室提供的方法如下：

1. 原料配方　湿沼渣（粪草混合发酵原料）77.0%，干稻草 14.2%，油菜壳、秸秆、玉米秆、干野草 6.2%（以上作物秸秆可增多，稻草可减少，有利无害），菜籽饼肥 1.2%，磷肥 0.6%，石膏、石灰各 0.4%左右。湿沼渣和干生料按 41.8kg/m³ 备料。

2. 建堆发酵

（1）建堆前一二天，先将干稻草、长作物秸秆、干野草铡成 30cm 左右长。油菜秆、玉米秆还要敲打一下。然后将它们捆扎好放入沼液或水中浸透。饼肥用沼液或清水泡碎。湿沼渣在建堆前一天或建堆时从池中取出均可。

（2）堆料宽 2m，高 1.5m，长度不限。建堆铺草每层约 20cm 厚。饼肥、磷肥、石膏粉等分别加入每一层草中。等分湿沼渣，将其铺盖在每层草上，一层盖一层，直至高度 1.5m 左右，顶面应盖沼渣封面，并备草帘防晒和雨淋。

（3）3 次翻料间隔时间分别为 5 天、4 天、3 天。在第一次翻堆时将石灰粉撒入；第二次翻堆时调节好酸碱度（pH 值 7～8 为宜），沼肥培养料一般不会偏酸，用适当的甲醛调水喷入料内去除氨气；第三次翻堆后 2 天"前发酵"结束。这时在料堆四周和场地喷 0.5%敌敌畏杀虫，最好用塑料薄膜密封 6～10 小时。

（4）"前发酵"结束，即可进行室外"后发酵"阶段。"后发酵"阶段设置简易床架，床架离地面约 30cm，用砖、石垫脚，上搁木棒。料堆中应有排气孔，上下相通，料宽 1m 左右，堆高 1.1m，长度不限。排气孔径约 10～15cm，方法是用碗粗木棒插入，建堆完毕即可拔出。孔距 50～60cm，呈梅花形排列。

（5）建好堆后，用竹片条在外围搭一拱形支架，拱形支架上覆盖塑料薄膜，完全封闭料堆。薄膜与料堆应有一定的间隙。阳光充足时，堆温能迅速升高，棚内能达到 50～55℃，料温能达到 58～62℃，料堆中心温度高达 70℃，保持此温度 8～12 小时，然后降温。

（6）降温办法：可将地面两端和顶部一端薄膜掀起，让空气上下自然流动，使棚内温度控制在 50℃左右，不要低于 48℃，恒温 4 昼夜。如遇阴雨天，即在料堆一端用沼气烧水控制棚内温度。

(7)恒温第三、四天,料内出现大量的白色粉状放线菌,培养料发生甜面包香味或轻度糖焦味,颜色为褐色。此时,培养料的发酵全过程结束,可以上床铺平准备播种。

3. 中棚棚架设置

(1)中棚棚架设置应使人可进入棚内管理、播种、采摘蘑菇等操作。利用冬闲田、山垄田或菜地架设中棚,其方法简便易行,成本低,易拆易建,蘑菇生长季节一过,即可迅速复种其他农作物。

(2)一般在早熟晚稻收获之后,及时开沟排水,整好地,及时翻晒,作好床面,施撒呋喃丹或甲胺磷等农药杀灭虫害。一般床高 10～15cm,床宽 80～90cm,床间走道 45cm,床长 10～15m,棚间距离 30cm。棚间沟应比棚内走道沟深,以利雨季排水。

(3)棚架设置如图 9-4 所示,中棚的拱形顶中心高度在 1.3m 左右,棚外用塑料薄膜覆盖,再加稻草或草帘覆盖在薄膜上遮盖。棚架搭好后,在培养料上床前用敌敌畏药物再喷洒一次。

4. 播种管理　播种、发菌、覆土管理与常规种菇基本相同。在整个管理期间,注意气候变化。气温高时,应掀开中棚两端走道口上部与下部的薄膜;气温较低时,可将中棚向阳侧中上部的草帘覆盖物局部掀开,以提高棚内温度。

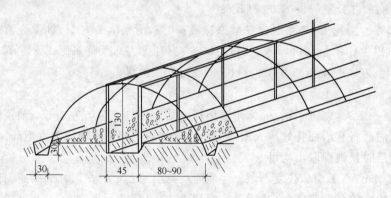

图 9-4　蘑菇棚架示意图(单位:cm)

5. 效益对比　武义县蘑菇丰产配方:鲜猪栏肥 63%,干稻草 18.9%,干山草 12.6%,菜籽饼肥 1.8%,尿素 0.38%,磷肥 0.95%,石膏 0.63%,石灰 1.26%,钾肥 0.32%。丰产配方,同为中棚种植,其蘑菇栽培效益丰产配方与沼肥配方对比,仍以沼肥配方最好,见表 9-15。

表 9-15　浙江武义县丰产配方与沼肥配方育菇对比

原料配方	姓　名	面积 (m²)	产量 (kg)	单产 (kg/m²)	亩产 (kg/半亩)	亩产值 (元/半亩)
沼肥配方	汤宋如	39.4	191.55	4.86	1620	4860
丰产配方	臧国民	88.8	304.45	3.42	1140	3420
丰产配方	邱树杨	133.3	322.54	2.42	810	2430

(二)沼渣养殖蚯蚓

1. 蚯蚓的经济价值

(1)蚯蚓是一种含高蛋白质和高营养物质的动物。据资料介绍,蚯蚓含蛋白质 60% 以上,含有 18 种氨基酸,有效氨基酸达 58%～62%,是一种良好的鱼、禽、畜饲料,也是人类有益的食品。

(2)蚯蚓对动物能起解热作用,可用来制造各种"地龙"(蚯蚓)食品和"地龙"酒,具有营养和药用价值。鸡食蚯蚓后,病少、能免疫。蚯蚓粪拌饲料喂鸡,有提高鸡的食欲和防治笼养鸡脱毛的效果。

(3)蚯蚓粪能活化土壤,其中腐殖酸达 8%～11%,锌、锰、铁、铜的含量均有较大的增加;还可促进作物对磷的吸收;对植物有激素作用,并有促进植物生根发芽等效果。所以它是一种高级的园艺肥料和作物肥料。

(4)用蚯蚓作饲料添加剂,鸡长速加快 30%,肉鸡可提早 7～10 天上市,小鸡成活率提高 10%以上,鸭长速加快 27.2%,鸡鸭产蛋率提高 15%～30%,猪长速加快 19.2%～43%,母猪乳多。奶牛每天每头喂蚯蚓 0.25kg,可提高产奶量 30%。另外,蚯蚓可喂养水貂、甲鱼、乌龟、鳝鱼、泥鳅等。

2. 蚯蚓的习性　蚯蚓喜阴暗、潮湿、通气、安静的环境;喜吃熟化、细、烂、无酸臭的饲料,尤其喜欢甜料、淀粉、氨基酸多的饲料。苹果皮、香蕉皮、沼渣、干牛粪等是蚯蚓喜爱的饲料。蚯蚓怕光、怕热、怕闷、怕冷、怕酸、怕碱。

3. 蚯蚓养殖场所

(1)沼渣养殖蚯蚓一般采用室内地面养殖。养殖床用砖块围成,每格面积为 1m²,用水泥(或三合土)抹一层,防其逃走。也可在室外房前屋后的空坪隙地,用家里的破缸、废旧木箱做养殖床。室内养殖场地应保持通风透气,黑暗安静。

(2)室外养殖床应选择朝阳向日、地势稍高的地面。床体有效面积一般为宽 1.5m,长 6～10m,床后墙高 1.3m,前墙高 0.3m。床的四周开挖排水沟,以防积水渗到床内。床两头留对称的风洞,后墙留一个排气孔。

(3)冬季,床面采用竹杆搭架覆盖双层薄膜,间隙 10～15cm,并要用草绳结成防风网,套在上面,四周扣紧固定,上面再用草席加盖。夏季,可撤除床面设施,用湿草在饵料上盖 10～15cm 厚,搭简易凉棚遮阴防雨。床下泥土要拍紧实,然后抹上一层水泥。

4. 床料的备料与配比

(1)沼渣的处理:将从沼气池中捞出的沼渣散开晾干,去除过多水分,使残留于沼渣中的氨气和沼气逸出。用手捏沼渣,指缝见渗水即可使用。

(2)牛粪的处理:新鲜的牛粪酸性大,不能喂,一定要晒干(曝晒一星期),然后用沼液拌湿使用。

(3)配比:以沼渣为主,一般 70%～100%。如按 70%配比即 70%是沼渣,30%是其他饲料(如牛粪、统糠、蔗渣、平菇渣、无毒的烂碎草、树叶等)。按比例混合均匀,堆沤 3～5 天。用稀醋酸(不能用稀盐酸)调节混合料的 pH 值为 6.5～7.5,并调节湿度至 70%左右(在这范围内蚯蚓不会挣扎逃跑和死亡)。

5. 蚓床管理

(1)一般管理:将拌好的饵料上床堆放,厚度为 16～25cm。投放种蚓,盖上厚度为 10～25cm 厚的碎稻草。保持饵料含水量在 65%左右。一般一个月左右床内加一次饵料(沼渣即可)。冬季晴天上午八点,将草席揭开,让阳光射入床内。若床内温度超过 22℃,可短时间打开床两头的风洞,调节温度。下午三点半再将草席盖上。大风和阴雨天不要揭开草席和打开风洞。冬天下雪,要及时清除床面积雪。

（2）饵料控制温度：蚯蚓正常生长期时为 5～30℃，适宜温度为 15～25℃，最佳温度为 20±3℃，最高不得超过 35℃。

（3）保持湿度：饵料含水量为 65％～70％，孵化蚓卵所在环境的含水量为 60％～65％。据试验，饵料最佳含水量为 67％，次之为 76％，46％较差，36％最差。

（4）掌握密度：平均养殖密度为每年 15000 条/m²，成蚓每年 10000 条/m²，幼蚓每年 20000～25000 条/m²，幼蚓与成蚓混合为每年 12000～16000 条/m²。蚓从产卵到成蚓，一般需要 3～4 个月，每年至少可以成熟三批，每年产量约 22.5kg/m²。因此，在养殖过程中，要不定期地提取成蚓。这样，有利于蚯蚓生长，提高产量。

（5）调节酸碱度：蚯蚓的饵料以中性为好，一般控制在 pH6～8 的范围内为宜。

（6）防止伤害：蚯蚓的天敌是：水蛭、青蛙、蛇、鼠、鸟、蚁和螨等。养殖地应具遮光设施，切忌强光直射。保持安静环境，不要随意翻动养殖面。要避免农药、煤气、工业废气的污染。

（7）粪、蚓分离：在养蚯蚓的过程中，需要定期清理蚓粪，把蚯蚓分离出来。这是促进蚯蚓正常生长的一个重要环节。方法是：

①房诱法。将床内蚓、粪混合物堆缩二分之一，留下二分之一的空面。在空面上投放新鲜腐熟饵料，经 40～60 小时，95％的蚯蚓将会进入新鲜的饵料中去。

②网取法。将 4mm×4mm 网孔的铁丝网放在蚓床上，把新鲜饲料投放网上，厚 5cm，经过 24～28 小时后，将网连网面上的饲料和诱入蚯蚓移开。分离率达 90％以上。

③光照法。先将表层蚓粪扒开，用 220V、500W 的碘钨灯，距蚓粪 0.3～0.4m 高处照射，以 1m/min 的速度移动，连续照 3 次，逼使蚯蚓下钻，取出上层蚓粪。分离率达 90％以上。

④干湿法。床的一端保持湿度，另一端不加覆盖使其水分蒸发，使蚯蚓移到湿润饲料一端，48～72 小时后，可使 90％的蚯蚓分离开来。

（8）提取成蚓法。用孔目 2mm×2mm，长 100cm，宽 70cm 的塑料网平放在蚓床上，在网上投放新料（可加 5％的五香液）厚 5cm，24 小时后，小蚯蚓移到网上，成蚓留在网下。再用光照法，或用 4mm×4mm 的铁丝网处理，即可使成蚓分离出来。

沼渣养殖蚯蚓不难，只要掌握好"温、湿、饵、pH 值、静、光"技术，尤其是"温、湿、饵"三要素，就能保证成功。蚯蚓种各地都有几种可售。湖南省岳阳市以日本"大平二号"蚯蚓种（红色的）为主。

（三）沼渣制作营养钵

1. 棉花营养钵的制作　制作沼渣棉花营养钵的配方：每平方米苗床地用沼渣 0.75kg～1.5kg、钙镁磷肥 37.5g、氯化钾 15g。采用沼渣营养钵培植的幼苗叶片多，苗径粗壮，幼苗生长快；配合其他措施，棉花可增产 10％左右。

2. 玉米营养钵的制作　沼渣与一般泥土按 6：4 的比例混合进行玉米育苗。当玉米苗长出 2～3 片真叶时移栽。这种苗转青快，发病率低，配合其他措施可使玉米增产 10％左右。

（四）沼渣种花

花卉正在成为一项新兴的产业。花卉种植形式一般有露地栽培（庭院、花园、花圃）与盆栽。在肥料使用方面，主要有基肥、追肥两种。沼渣培育花卉优点很多，肥效平稳、养分完全、肥劲悠长并兼治病虫害；沼渣养花与某些花卉专用肥相比，也不逊色。

1. 露地栽培

（1）基肥：结合整地，每平方米施沼渣 2kg。若为穴植，视花卉大小，每穴 0.5～2.0kg。名贵品种最好不放底肥,改以疏松肥土垫穴,活后根际抽槽施肥。

(2)追肥:不同的花卉品种,吸肥能力不完全相同,因此施用沼肥量应有不同。生长较快的草本花卉、观叶性花卉,可用三份沼液、七份清水,每月施用一次;生长较慢的木本花卉,观花、果花卉,按其生育期要求用一份沼液、三份清水,依花卉大小按 0.5~5kg 不等在根梢处穴施。

2. 盆栽

(1)配制培养土:沼渣与风化较好的生土拌匀,配制比例:鲜沼渣 1kg、生土 2kg 或者沼渣 1kg、生土 9kg。

(2)换盆:盆花栽植 1~3 年后需换土、扩钵。一般品种可用上法配制的培养土填充;名贵品种需另加少许生土降低沼肥含量。凡新植、换盆花卉,不见新叶不追肥。

(3)追肥:盆栽花卉一般土少根大,营养不足,需要人工补充。但追肥的时机和量的多少是盆栽花卉,特别是阳台养花的关键。茶花类(山茶为代表)要求追肥次数少、浓度低(一份沼液、二份清水)、3~5 月追一次肥;季节花(月季花为代表)可每月追一次肥、浓度比例同上,至 9~10 月份停止。

3. 注意事项

(1)沼肥一定要充分腐熟,将沼渣用桶存放 20~30 天后再用。

(2)沼液作追肥和叶面喷肥前,应敞晾 2~3 个小时。

(3)沼肥种盆花,应计算用量,切忌过量施肥。

若施肥后,纷落老叶,视为浓度偏高,应及时水洗或换土;若嫩叶边缘呈水渍状脱落,视为水肥中毒,应立即脱盆换土、剪枝、遮荫养护。

(五)沼渣种烟

据江西赣州市的试验表明:施用沼渣的烤烟增产幅度在 18.6%~20.8%,平均每亩增产干烤烟 20kg 左右;烟叶的厚度、单叶重以及颜色、油分和弹性均好于未施沼肥的烟叶。中上等烟的比例增加三成以上。沼渣种烟能降低生产成本,增加收入,是一项值得在种烟地区推广的新技术。

1. 施肥要点

(1)沼渣要和化肥配合使用:沼渣养分比较全面、肥效稳而长,有利于烟株整个生长期对养分的需要;化肥肥效快、单一养分含量高,可以满足烟株旺盛生长时期对大量单一营养肥料的要求。因而,沼渣和化肥配合使用能更好满足烟叶生长对肥料的需求。

(2)沼渣作基肥、沼液作追肥:基肥的作用在于供应烟株生长期营养的需要,并重点提供中下部叶片的营养。沼渣基肥施用量一般占总肥量的 60%~70%;追肥的作用在于供给中上部烟叶营养。沼液追肥量占总施肥量 30%~40%。追肥时间在移栽一个月左右内施完。施肥过晚,导致烟株后期贪青晚熟,叶片易产生烤青,降低烟质。如果遇到烟地沙性大、保水保肥能力差,应追肥 2 次。

(3)针对不同情况施肥:烤烟施肥必须根据气候、土壤和烟株生长的不同,确定施肥方法、用量和时间。砂性、半砂性或过酸、偏碱的土壤对肥料的利用率低,应适当加大施肥量和施肥次数,最好采用"沟施"或"穴施"。追肥应根据烟株长势灵活运用,苗壮、叶深,应少追氮肥,多追磷、钾肥;对瘦弱小苗,应增加施肥次数和施肥量。

2. 施肥技术

(1)基肥:用沼渣、过磷酸钙(钙镁磷)、草木灰按 100:(2.5~3):(1~1.5)比例混合拌匀,用于穴施、沟施;也可结合冬耕或起垄撒施。每亩施用量为沼渣1000kg、过磷酸钙(钙镁磷)25～30kg、草木灰10～15kg;施肥深度10～13cm。

(2)追肥:烤烟移栽10天后应进行追肥。沼液兑水稀释后穴施或沟施,追肥2～3次,每次施用量为每棵0.4kg左右,一般移栽1个月左右内施完。

(3)叶面追肥:磷酸二氢钾、草木灰液和微量元素肥料等溶于沼液中施用。其混合比例为0.2%～1%硫酸亚铁、0.1%～0.25%硼砂、0.05%～0.1%硫酸铜、10%草木灰液和0.3%磷酸二氢钾。叶面追肥一般在清晨或傍晚进行,晴天中午或雨天不宜进行。

(六)沼渣改造茶园

沼渣对红壤地区茶园的改造和增产有显著作用。在茶园土壤进行深耕的基础上,沼渣作为底肥施用。第一年每亩施沼渣2000～4000kg,第二年再施2000～3000kg;每年分别在3、5和7月的中旬各施总量的1/3。采用这一措施可使低产茶园的产量每亩达到50～60kg。

(七)沼渣种大蒜

利用沼渣作基肥种植大蒜,配以沼液浸种和叶面喷施可使大蒜产量提高20%左右。每亩施入沼渣1500～2000kg后再将土地翻耕、平整即可。

(八)沼渣育稻秧

沼渣旱育秧技术是江西赣州市在推广水稻旱床育秧技术的基础上,经试验研究形成的一项新技术。实践表明,该技术能提高秧苗素质、促进水稻生长发育和提高单位面积产量;减少鼠害、鸟害、节省投资和降低劳动强度。具体方法是:

1. 制作苗床　选好秧田,将床土晒干、打碎、过筛。每亩秧田需床土4500kg备用(黄心土或本田土均可)。整地时,每m²苗床需用敌克松2～4g,兑水2～4kg,先对床面和床土进行消毒;每平方米苗床施沼渣2kg并耕耙2～3次,使苗床15cm内的表土和沼渣混合均匀;播种前3～5天,按长10～11m、宽0.75m分畦作苗床并加开腰沟和围沟。

2. 稻种等准备　按每亩用种量:杂交稻1.5kg,常规稻3kg进行浸种催芽,以种子破胸露白时即可播种。每亩准备好中膜80～100kg或地膜10～12kg和竹片450片。

3. 播种　选择日平均气温在8℃以上时节,开始播种。首先用细土将床面缝隙、空洞填实并用木板轻轻压平,用洒水壶或喷雾器均匀洒水使床土层湿润,再按每m²苗床2kg的沼渣均匀喷施床面。然后,将种子来回均匀播撒、逐次加密,将准备好的干细土均匀撒在床面上,使种子不外露畦面并用木板轻轻压平床面。再用喷雾器均匀喷洒,使表土湿润。最后插好竹片,铺盖好地膜即可。

4. 苗床管理　稻种扎根立苗后,必须保持苗床土壤湿润。到二叶一心期,土壤可稍干一些促使扎根,秧苗不卷不必淋水;到三叶一心期,要保持土壤湿润,每m²用30～50g过磷酸钙溶于水淋秧苗,以防僵秧。在施足沼渣的条件下,不必进行秧苗追肥。如果三叶期后的秧苗生长差,可用沼液兑水浇施。

(九)沼渣种植甘蔗

沼肥培植的甘蔗高大、节稀、皮薄、味甜和产量高。现将沼肥施用方法介绍如下:

1. 育苗肥　将沼渣撒在整理好的苗床上,平铺1～2cm厚,再摆上预备好的甘蔗茎,芽嘴向上,埋入砂3/4,上面覆盖1cm左右的细砂或细土。蔗苗长至10cm左右时,视土壤情况,用沼液和水按1:2的比例浇泼一次。

2. 基肥　蔗苗移栽时,将沼渣施入挖好的穴内,蔗苗菀周围培上细土压实。用土把沼渣覆盖好,防止肥料外露造成损失。

3. 提苗肥　甘蔗苗发菀后,要结合中耕除草,施3～5次沼液,每次需加2倍清水。

4. 培菀肥　每菀甘蔗发棵7～10株至最小株开始抽节时,要重施培菀肥。方法是将沼渣培到甘蔗周围,垒高15cm左右,再覆盖一层细土。培菀肥既可保证甘蔗后期生长所需要的肥料,又可以抑制无效分蘖和防治倒伏。

（十）沼渣种植芦荟

芦荟是百合科多年生常绿、肉质草本植物,品种繁多、药理活性极其广泛,具有免疫、抗辐射、抗癌、消炎和保肝作用。芦荟还有美容、保健、食用、观赏等多种用途,有"家庭医生"、"天然美容师"的美称。这使芦荟产业异军突起,成为农业发展的一个新的经济增长点,但各商家对芦荟的质量要求严格,严禁使用化肥和农药等。现将沼液种植芦荟的方法介绍如下:

1. 整地　选用排水良好,富含石灰质的肥沃沙壤土,以弱酸性到中性为宜,含砂量控制在35％左右。施肥量按每亩施沼渣(含氮量1％)2000kg,以1∶1的沙土和沼渣混配施用。然后深耕细耙增加活土层,起宽70cm的高垄平畦,沟宽20～30cm,使畦面层达到疏松平整的要求。

2. 定植　芦荟定植最好避开阴雨天气,注意将根系伸展覆土压实,以根基部平土为宜,株距10cm,浇适宜定根水,适当遮阴。

3. 田间管理　土壤要保持疏松平整、透气性好,以见干见湿为宜。如果芦荟长势瘦小,说明肥力不足,要及时追肥。每亩施入1500kg沼液,采用随水追肥和叶面喷施的方式:一般15天追肥一次,夏季配合喷施(喷施用沼液总量的5％)。追肥采用沼液∶水＝1∶2;喷施采用沼液∶水＝1∶1,喷施用沼液需静置1～2小时,取上层澄清液。

4. 效果

(1)发病率降低:施沼肥的芦荟没有发生黑斑病、根腐病。此外,用水量明显较低。

(2)长势良好:定植100天后,施沼肥的芦荟叶片整洁、肥厚,平均株高高出施土家肥的3cm,分蘖数平均增加2～3棵。按商品要求,每株30cm即可出售,施沼肥的芦荟比施土家肥的提前15天出苗,且各项指标均优于施土家肥的芦荟。

（十一）沼渣瓶栽灵芝

灵芝生长以碳水化合物和含氮化合物为营养基础,如葡萄糖、蔗糖、淀粉、纤维素、半纤维素、木质素等,还需要少量的钙、镁、钾、磷等矿质元素。由于沼渣中含有前述各种养分元素,因此完全可以用沼渣进行瓶栽灵芝。试验证明,利用沼渣瓶栽灵芝比常规的麦麸皮、棉籽壳瓶栽灵芝成本低(可降低33％),产量高。

1. 灵芝栽培料的配比　因纯沼渣的透气性不如常规的栽培原料,故不宜用纯沼渣来生产灵芝。比较理想的栽培料配比为:沼渣3000g,棉籽壳2880g,糖120g,水6355g。配制时,应将各种料放在塑料薄膜上拌匀。

2. 装瓶及消毒　选用透明的广口瓶,培养料装至瓶高度的3/4处。装瓶时,边装边拍,使料适度拍实,然后将料面制平,在料面中用木条打一洞至2/3处,再把木条转退出来。装瓶后,洗净外壁粘着的培养基,塞上棉球进行消毒处理。采取高温蒸煮消毒方法,蒸煮时间为6小时。蒸煮后放在蒸笼里自然冷却。

3. 接种　在接种箱内进行,一瓶菌种接种40瓶。接种方法是:接种箱、接种工具和手,用高锰酸钾溶液消毒,再把冷却到30℃以下的瓶子移到接种箱里,扒掉菌种表面的菌皮,用镊子取一块菌种经酒精灯火焰迅速移入待接种瓶,菌种放入培养料表面洞口,塞上棉塞即成。

4. 培养与管理

(1)温湿度控制:接种后的瓶在培养室培养,温度控制在24～30℃之间(菌丝的适宜温度为12～36℃,以27℃最好);形成菌盖和子实体的适宜温度为22℃,相对湿度以85%～90%为宜。

(2)pH控制:pH值控制在4～6,如小于3或高于7.5,菌丝则不能生长。

(3)光线控制:灵芝菌丝在黑暗环境中能正常生长,但在子实体生长分化过程中,需要较多的漫散光,而且灵芝还有正向光性。

(4)空气控制:灵芝为好氧性真菌,打开瓶塞后,要有充足的新鲜空气。

(5)开瓶塞后的湿度控制:瓶内小气候的湿度对菌丝的生长是适宜的,在瓶塞打开后,空气相对湿度要保持在80%～90%。

(十二)沼渣饲养土鳖虫

土鳖虫是一种药用价值很高的中药材,它的中药名称为土元,学名叫地鳖,具有舒筋活血、去瘀通经、消肿止痛之功能。用沼渣饲养土鳖虫的具体方法是:

1. 准备工作

(1)备料:将经厌氧发酵45天后的沼渣从沼气池水压间(出料间)取出,自然风干,再按60%的沼渣,10%的烂碎草、树叶,10%的瓜果皮、菜叶和20%的细沙土混在一起拌和,堆好后备用。

(2)饲养方式:可根据条件分别采用洞养或池养。洞养一般是在室内挖一瓮形的地洞,深1m左右,口径0.67m左右,如果地下湿度大,洞可挖浅一些。洞壁要光滑,洞内铺放0.33m厚的沼渣混合料,如果有掉了底的大口瓮埋到土里做饲养池则更好。大量饲养土鳖虫用池养比较合适。

(3)饲养池:可用砖或土坯砌成1m长、0.67m宽、0.5m高的长方形池子。池子墙壁要密封。池口罩上纱网,防止土鳖虫逃走及鸡、鸭、猪、猫偷吃。池底铺上0.167m厚的沼渣混合料。混合料要干湿均匀,其湿度可掌握在用手能捏成团,一扔就散。这样的湿度最适合土鳖虫的生长。

2. 饲养管理

(1)正确投饵:土鳖虫是一种杂食性动物,树叶、青草、菜叶、烂水果、玉米棒等它都吃。在饲养初期的1～2个月,土鳖虫依靠池底铺料生活,不需投料。以后每天可按铺料的配比适当添加沼渣混合饵料。如果每隔一个星期再加喂一点玉米、麦麸皮、豆饼之类的精料,土鳖虫长得更快。但精料不宜多喂,过多,土鳖虫全身发亮,象出油样,慢慢地死去。土鳖虫喜湿怕干、喜静怕光,白天一般躲在暗处,到了夜晚或白天寂静无人时才出来活动或找食吃,所以投料时间最选择在傍晚,每个池子一般养4kg土鳖虫,每次投料量1～1.5kg,新鲜的饵料最好均匀地撒在铺料上。投料时,若发现池中的铺料干燥可喷洒些水,使铺料保持一定的湿度。

(2)掌握饲料温度:土鳖虫在温度为20～40℃之间最活跃,这段时间可勤喂料、喂精料。温度低于10℃,土鳖虫就开始休眠,这期间不需要喂食。土鳖虫耐寒力极强,即使在零下60℃也不会冻死,有时候看上去已经干瘪,可一到春天气温转暖,它又能起死回生。

(3)产卵期的管理:一只土鳖虫大约能活5～6年,其中产卵期只有2～3年。土鳖虫的一生分为卵、幼虫、成虫三个阶段。第一年卵化幼虫不产卵,第二年开始少量产卵,第三年是产卵盛期(一只雌虫一个星期能产一个卵块),从第四年开始产卵越来越少。土鳖虫产卵时尾部拖一个绿豆大的卵块,一个卵块内有8~12粒卵子,平均一个卵块能出幼虫10只左右。在土鳖虫产卵盛期,每隔7天就要用细筛子轻轻地筛一遍池子里的铺料,卵块筛出来以后,放在装有细沙土的破瓮里,使温度保持在28℃以上,不超过40℃,40天以后小幼虫就可孵化出来,饲养得好,1kg成虫能产1kg卵,即能产出2万多只小土鳖虫。

3. **加工方法** 土鳖虫须加工成药才能出售。一般到秋季,用大眼竹筛把池子里的铺料筛一遍,选大个的土鳖虫进行加工,小的留着继续饲养。

土鳖虫的加工方法有两种:一是把土鳖虫放到开水里烫死,捞出后晒干;另一方法是先用清水把土鳖虫洗干净,再按1kg土鳖虫0.1kg食盐的比例,把土鳖虫放到盐水里煮死,然后晒干或小火烘干。制成的药用土鳖虫,各地医药公司都可收购。

第五节 沼气的综合利用

一、沼气储粮与保鲜

沼气作为一种环境气体调节剂用于粮食(种子)的灭虫与储藏,以及果品、蔬菜的保鲜储藏,是一项简便易行、投资少、经济效益显著的实用技术。

(一)沼气气调储藏的基本原理

在密封条件下,利用沼气中甲烷和二氧化碳含量高、含氧量极少、甲烷无毒的性质和特点来调节储藏环境中的气体成分,造成一定的缺氧状态,以控制粮、果、蔬菜的呼吸强度,减少储藏过程中的基质消耗和弱化新陈代谢。这样,既推迟了后熟期又达到防治虫、鼠、霉、病、菌安全储藏之目的。而且,在二氧化碳浓度较高的条件下,还能使储藏物产生乙烯的作用大大减弱,从而延长储藏期。

(二)沼气气调储藏的效果

(1)抑制粮、果、蔬菜后熟,延长食品的货架期1~2倍。

(2)减少粮、果、蔬菜的损失。据日本储藏试验:不仅储藏期延长2~3个月,保持了水果的质量和营养价值,而且减少经营损失16.15%。

(3)气调储藏,对一些水果、蔬菜可达到保绿的作用。

(4)可以控制真菌的生长和繁殖。

(5)防止老鼠的危害和害虫的生存。

(三)沼气储粮

沼气储粮的基本原理是减少粮堆中的氧气含量,使各种危害粮食的害虫因缺氧而死亡。沼气储粮方法分为农户储粮和粮仓储粮两类。

1. **农户储粮** 农户粮食一般量较少,常用坛、罐、桶等容器储粮。具体方法是用木板或塑料板做一个盖板。盖板上钻两个小孔,分别插入进气管和出气管。进气管上端与一根沼气分配管相连;下端周围钻数个小孔,并插入装粮容器的底部。出气管上端连接沼气压力表和沼气炉,装置示意图如图9-5所示。这种连接法要求每个部位不能漏气,特别是盖板与容器口边缘连接处需用密封胶或石蜡密封,并压上重物。这样,每次用气时沼气就自然通过粮罐;只要能点燃沼气炉就表明粮罐充满沼气,5天后即可杀死全部害虫。

另一方法是出气管上端不连炉具。每次通入沼气时，打开出气管阀门压出容器内的气体，随后再关闭出气管阀门；要求每 15 天通沼气一次，每次通入量是储粮罐容积的 1.5 倍。这种储粮方式可串联多个储粮容器。

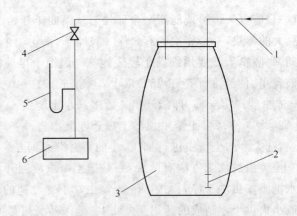

图 9-5　农户沼气储粮示意图

1. 沼气进气管　2. 沼气分配管　3. 粮罐
4. 开关　5. 压力计　6. 沼气炉

2. 粮库储粮　粮库储藏数量大，它由原有的粮仓、沼气进出系统、塑料薄膜罩等组成。关键是各部分必须密闭不漏气。储粮装置示意图如图 9-6 所示。

(1)储粮装置安装：在粮堆底部设置"十字形"、中上部设置"井字形"沼气扩散管，以利沼气能充满整个粮堆。扩散管用大于 DN15 的硬塑料管，每隔 30cm 钻一个通气孔。两个扩散管分别与沼气池相通，中间均设有开关。粮堆周围和表面用 0.1～0.2mm 厚的塑料薄膜罩覆盖密封。在粮堆顶部的薄膜上，粘接一根塑料软管作为排气管并与氧气测定仪相连。

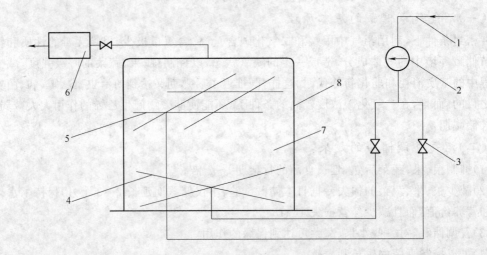

图 9-6　粮库沼气储粮示意图

1. 沼气进气管　2. 沼气流量计　3. 开关　4. 十字扩散管
5. 井字扩散管　6. 测氧仪　7. 粮堆　8. 塑料薄膜罩

(2)沼气输入方法：在检查完整个系统，确定其不漏气后通过开关，先"十字形"、后"井字形"扩散管分别通入沼气。在系统中设有氧气测定仪的情况下，可用排出气体中的氧气浓度来控制沼气通入量。当排出气体中的氧气浓度降至 5% 时，停止充气并密闭整个系统。每隔 15 天左右输入沼气一次，输入量仍按上述氧气浓度进行控制。

在无氧气测定仪的情况下，可在开始阶段连续 4 天输入沼气。每次输入沼气量是粮堆体积的 1.5 倍。以后每隔 15 天输沼气一次，输入量仍为粮堆体积的 1.5 倍。注意输入沼气时应该及时打开和关闭排气管。

3. 注意事项

(1)经常检查整个系统是否漏气。

(2)沼气管、扩散管若有积水,应及时排出。

(3)为防止火灾和爆炸事故发生,严禁在粮库内和周围吸烟用火。

(4)沼气池的产气量要与通气量配套。若沼气池产气量或储气量不够,在通气前,可向沼气池内多添加一些发酵原料,以保证有足够的沼气量。

4. 储粮效果 沼气储粮无污染、价格低。在粮食收获季节,气温高、沼气池产气也好,更有利于这一方法的采用。目前,沼气储粮已得到较为广泛的应用。表 9-16 是沼气储粮的效果。

表 9-16 沼气储粮效果

项　目	水分 (%)	仓内温度 (℃)	出爆率 (%)	虫数 (个/kg)	发芽率 (%)	酸　度 (pH)
对照仓	14.8	39.0	75.6	182	85	4.80
供试仓	12.8	24.0	76.3	0	89	1.46
供试仓比 对照仓	降低 13.5%	降低 38.5%	增加 0.39%	减少 100%	提高 4.71	降低 3.29

(四)沼气储藏保鲜柑橘

沼气作为一种环境气体调节剂用于柑橘储藏,可降低呼吸强度、延长储藏寿命,从而达到储藏保鲜的目的。同时,在极低氧含量和高二氧化碳浓度的情况下,能使柑橘减少乙烯的产生、抑制某些真菌的生长和某些真菌孢子的萌芽,从而降低柑橘在储藏中的腐烂率。沼气储藏保鲜柑橘与常规方法相比,具有方法简便、成本低、效果好、无残药和经济效益高等优点,日益受到柑橘产区农民的欢迎。

1. 储藏方法

(1)选择适宜的储藏场地:沼气储藏保鲜柑橘的场地,应选择在避风、清洁,温度比较稳定和昼夜温差变化小的地方。

(2)因地制宜确定储藏形式:沼气储藏保鲜柑橘的形式目前有箱式、薄膜罩式、柜式、土窖式和储藏室式五种。箱式、薄膜罩式、柜式,具有投资少、设备简单、操作方便等优点,但易受环境因素变化的影响,适合果农家庭分散储藏;土窖式和储藏室式,虽然土建投资较大、密封技术要求高,但储藏量大、使用周期长、外界环境因素变化影响小,适合果园、专业户批量储藏。

箱式和膜罩式可直接置于地面上,适用于房屋面积较大的农户采用。柜式可建多层,充分利用室内空间,适宜于面积较小的农户采用。一般情况,储藏装置适于建成长方形。其长度根据地面条件而定,宽以翻果操作方便为宜,高度以 1m 为限,容积根据储果量的多少确定。

(3)建造储藏装置:

①箱式。四周墙体用砖块和水泥砂浆砌成,要求内壁平整,外壁用水泥砂浆抹光,再用纯水泥浆涂刷二遍。箱口用塑料薄膜密封,箱底预埋好沼气扩散管和加水孔。这种扩散器用塑料管钻孔后制成,目的是达到沼气由下向上均匀扩散。扩散器通过进气孔与沼气池相连。

②膜罩式。根据储藏容积的大小,选用厚度为 0.20～0.25mm 的聚乙烯薄膜热合而成膜罩。在紧靠罩顶的中央设置出气管。再根据膜罩的大小,用 12 根小木条或竹条做成支架。地

面铺放河砂等垫物后,堆放柑橘、罩上膜罩;罩的四方下口用湿泥砂密封,并埋好沼气充气管道和加水孔。

③柜式。柜的三面墙体用砖块和水泥砂浆砌筑、水泥勾缝粉刷,质量要求同箱式。每个储藏柜分作若干层,每层高度以便于堆放果筐为准(一般在 1m 以内);隔板可采用多孔水泥预制板或竹排;柜底铺放碎石和砂;柜的侧面预埋沼气输气管和加水孔,柜的另一墙面的四周边框预埋木条,以备用塑料膜遮盖和胶带纸密封。

④储藏室式。储藏室用砖和水泥砂浆砌筑,并预留门、沼气进气、排气孔和观察孔(门上可设置取气孔)。排气管道与测氧仪或测氧、二氧化碳仪相连,以便随时监测储藏室气体环境中的氧和二氧化碳含量。进气管与储藏室地面设置的沼气扩散器相连。墙体用水泥砂浆抹平,刷上纯水泥砂浆后,再刷密封涂料以堵塞墙面的毛细孔。木制板门,油灰勾缝、上油漆。门与门框间垫胶皮密封。观察孔的玻璃用油灰嵌缝密封。透过观察孔可看到储藏室内的温度计和湿度计。储藏室可分设相互隔离的小室。柑橘装筐入室储藏。封门时要用胶带纸密封门缝。

⑤土窖式。土窖呈圆台形,下大上小;下部设木门,顶部设排气孔。门的制作和密封要求同上述储藏室门的制作。底部放置沼气扩散器,并与预埋好的沼气进气管相通。

(4)环境消毒:柑橘在储藏过程中易受感染的病菌很多,入库前,必须对储藏空间及四壁进行严格消毒。一般按每 m^3 空间用 2~6mL 的福尔马林加入等量水熏蒸,或按每 m^2 用 30mL 的福尔马林喷洒。消毒之后需要通风 2 天才能放入柑橘。

(5)严格选果:储藏果要求成熟适度、精细采摘。果实是否损伤是储藏保鲜成败的基础。因此,沼气保鲜的柑橘要求做到:

①采果时间。选择气温较低的晴天上午、露水干后采果。

②采收工具。要用锋利不错口的果剪,采果人要戴上手套,衬有柔软垫物的果篮和双面果梯。

③采摘技术。要求采用"两次剪果法",先在离果蒂 1cm 处剪下,然后在齐萼片处剪去果梗,保留完整果蒂。采摘顺序是先外后内,先下后上依次进行。采摘下的柑橘要避免太阳照晒。

④果园初选。沼气保鲜的柑橘,最好选择树冠外围和中上部的果实储藏。初选宜在果实入筐时进行,严格挑选出伤、虫、病、畸形和过大或过小的果。

⑤及时装运。要轻装、轻放,边采、边装、边运,不在果园过夜。

⑥精选分级。为了提高柑橘的商品化标准,还应按果形、颜色、品质和大小分级储藏。

(6)预储:选择在干燥、阴凉和通风的地方进行预储,使柑橘果皮蒸发少量水分而软化、略有弹性、果肉不枯水。预储时间,一般 2~3 天。

(7)储藏条件控制:由于柑橘果实的呼吸强度与品种、温度、湿度、氧气、二氧化碳及果实的伤害等因素有关,所以根据气调储藏的理论,综合考虑设置抑制呼吸强度的条件,选择适宜于柑橘的储藏环境,以延缓果实的衰老,达到保鲜储藏的目的。沼气储藏、保鲜柑橘效果的好坏,主要取决于储藏环境的温度、湿度和气体组分。

①温度。柑橘果实的呼吸作用,对温度变化很敏感。低温条件下,呼吸作用弱,随着温度升高,呼吸强度也随之增加。不同品种的柑橘,有其最适宜的储藏温度,即柑橘不致产生生理失调的最低温度,一般为 4~15℃。15℃以上,温度偏高,超过 20℃,不适宜柑橘储藏和保鲜。

②湿度。它是提高储藏柑橘鲜度和品质的重要条件。干燥的储藏环境(即相对湿度低),柑橘水份蒸发快,常会呈现萎蔫状态,致使保鲜率下降;潮湿的储藏环境(即相对湿度高),将引起

病害而造成柑橘腐烂。所以储藏时要控制一定的相对湿度,一般为90%～98%。当湿度不够时可从加水孔处向储藏室添加水分。

③气体组分。储藏环境的气体组分对柑橘储藏保鲜起着重要的作用。输入沼气的数量,以能抑制柑橘果实的呼吸强度为限。由于储藏装置受到建造质量和密封程度的影响,气密性能各不相同,都有不同程度的漏气现象。因此,各地试验所得出的"单位储藏容积输入的沼气量"也各不相同。例如:

四川井研县储藏甜橙,采用储藏室式。每天每 m³ 储藏容积输入 0.06m³ 沼气;10 天以后,逐渐增加到 0.14m³。

重庆市开县储藏甜橙,采用箱式和膜罩式储藏,每 3 天充入一次沼气。初期,每 m³ 储藏容积输入 0.1m³ 沼气;中期(15 天以后),每 m³ 储藏容积输入 0.085m³ 沼气;后期(储藏温度升高到 12～15 C),每 m³ 储藏容积输入 0.043m³ 沼气。

浙江省金华市储藏蜜橘和碰柑,采用储藏柜,每天每 m³ 储藏容积输入 0.01～0.03m³ 沼气。储藏前期沼气输入量少,后期逐渐增多。

可见,各地利用沼气储藏保鲜柑橘的单位容积输入的沼气量各不相同,出入较大。因此,各地在利用沼气储藏保鲜柑橘时,应根据不同品种、温度、湿度和储藏装置的密封程度等,经过试验之后再确定单位容积输入的沼气量,不能生搬硬套。

(8)日常管理:沼气储藏保鲜柑橘是储藏温度、湿度、气体组分的相互配合和共同作用的结果。所以,必需重视储藏期间的管理。

①适时换气、翻果。一股柑橘在储藏后两个月内,每隔 10 天换气翻果一次,以后每隔半月换气翻果一次。翻动时结合检查储藏状态,及时地挑出伤、病和腐烂的水果,以避免经济损失。

②保持环境温度和湿度相对稳定。防止温差波动过大,而使储藏环境中的水分在柑橘果实表面结露,增加腐损率。通风换气,低温季节宜在中午进行,以防冻害;气温回升后,宜在晚间或凌晨进行,以防止热空气串入。

③轻拿轻放。搬箱、翻果时要轻拿轻放。

④出果。出果之前应先通风 3～5 天,以便让柑橘逐步适应库外环境,防止出库后出现"见风烂"问题。

⑤保持储藏场所的清洁。定期用 2% 的石灰水对储藏环境的地面和墙壁进行消毒。

⑥注意安全。防止火灾、爆炸和窒息事故的发生。

2. 保鲜效果　我国几个柑橘产地采用沼气储藏保鲜柑橘的效果见表 9-17。其中,重庆市开县采用沼气储藏保鲜甜橙 150 天,平均保果率 91%、失重 5%～7%。与储藏开始时相比:果汁率为 42.75%,下降 13.69%;固形物为 8.5%,下降 5.56%;总糖为 6.71g/100mL,下降 3.45%;总酸为 0.67g/100mL,下降 52.14%;维生素 C 为 47.97mg/100mL,下降 1.8%。储藏后甜橙的糖酸比为 10.01:1、固酸比为 12.69:1,不仅达到常规储藏保鲜方法的技术指标,而且外观新鲜饱满,大多数采蒂青绿、果皮红亮、硬度适宜、果肉鲜嫩、多汁化渣、甜中略带酸味,基本上保持了原有鲜果的风味,具有较高的商品价值和明显的经济效益。

表 9-17 沼气储藏保鲜柑橘的效果

地　点	柑橘种类	储藏时间(天)	保果率(%)	失重(%)
井研县	甜　橙	179	87.12	3.09
开　县	甜　橙	150	91	5~7
金华市	密　橘	89	81.69	10.47
金华市	碰　柑	67	88.71	8.46

开县沼气储藏保鲜甜橙的实践表明,扣除成本和储藏期的一切费用,可增加纯收入 30%;同时,解决了柑橘生产集中上市的一些矛盾,延长了鲜果供应期,增加市场竞争力;既适合果农分散就地储藏,也适合果园批量集中储藏。

需要指出的是,橘类中有的品种不适用于沼气储藏保鲜的方法,如对二氧化碳非常敏感的宽皮红橘。

二、沼气在蔬菜大棚中的应用

(一)原理及效果

沼气在蔬菜大棚中的应用主要是指沼气中及其燃烧产生的二氧化碳作为气肥促进蔬菜的生长。因为作物进行光合作用合成有机物时,二氧化碳是主要碳源。作物生长最适宜的二氧化碳浓度为 $0.11\%\sim0.13\%$。而普通蔬菜大棚在光合作用旺盛期只有 0.02% 的二氧化碳,因此,增加大棚内二氧化碳浓度可加速蔬菜的生长。表 9-18 是不同二氧化碳浓度对蔬菜生长的影响。用人工方法将二氧化碳浓度提高到 0.1% 以上,西红柿产量可提高近两倍,见表 9-19。

表 9-18 不同二氧化碳浓度对蔬菜生长的影响

二氧化碳	芥　菜		黄　瓜	
	株高(cm)	单株重(g)	单株叶面(cm²)	干叶比重
$0.02\%\sim0.03\%$	44.9	7.8	1 888.6	0.019 75
$0.08\%\sim0.11\%$	66.8	12.5	4 014.3	0.025 75

表 9-19 沼气加温大棚西红柿试验结果　　　　　　　　　(kg)

采收时间	试验区	对照区	增产(%)
11 月 10 日	8.65	6.8	27.2
11 月 17 日	6.60	4.0	65.0
11 月 27 日	7.6	0	—
12 月 4 日	8.75	0	—
总　计	31.6	10.8	192.6

(二)增施二氧化碳的方法

在北方"四位一体"模式中,大棚内增施二氧化碳的方法主要有:

1. 燃烧沼气　燃烧每 m³ 沼气可获得大约 0.9m³ 二氧化碳。一般棚内沼气池寒冷季节产沼气量为 $0.5\sim1.0$m³/天。它可使 0.5 亩地大棚(容积为 600m³)内的二氧化碳浓度达到 0.1% ~ 0.16%。

2. 利用牲畜新陈代谢呼出的二氧化碳 一头 50kg 重的猪每天呼出二氧化碳 1.032m³；四头猪每昼夜可呼出 4.128m³ 二氧化碳。畜舍产生的二氧化碳可通过温室内山墙的通气孔和蔬菜棚内的空气进行自然交换。

至于沼气池水压间和有机物被土壤中微生物分解所释放的二氧化碳，可忽略不计。

3. 增施时间 大多数蔬菜的光合作用在上午 9 点左右最强，因此增施二氧化碳最好在上午 8 点前进行。

（三）注意事项

1. 防止有毒气体对作物的危害 沼气中含有约万分之一的硫化氢随沼气燃烧后生成二氧化硫。当蔬菜大棚中二氧化硫浓度达到五百万分之一（即 5mg/m³）时，首先在植株叶片气孔周围及叶缘出现水浸状、叶脉内出现斑点；高浓度则会使植株组织脱水和死亡。这是因为二氧化硫是从气孔及水孔浸入叶内组织，在细胞中可以水化成硫酸，毒害植物的原生质。对二氧化硫比较敏感的有番茄、茄子、菠菜和莴苣等。所以，在日光温室内燃烧没有经过脱硫的沼气要掌握好点燃沼气的数量。

2. 控制二氧化碳气肥增施量 作物生长最适宜的二氧化碳浓度为 0.11％～0.13％，所以 0.5 亩地蔬菜大棚（容积为 600m³）只需要燃烧 0.6～0.72m³ 沼气即可。一般棚内沼气池完全可以满足增施二氧化碳气肥的需要。在北方辽宁省近 20 万个"四位一体"模式中，用沼气增施二氧化碳气肥未曾发现受害的农户。

3. 满足配套条件 增施二氧化碳气肥，还需要与足够的水肥条件相配合；当棚内温度过高或过低时，应及时通风换气或加温；新建沼气池或大换料时，需对发酵原料进行堆沤处理。只有满足以上配套条件才能促进蔬菜的增产。

第六节 北方"四位一体"模式生态农业技术

一、发展概况

近年来，经过科技人员的不断研究和广大群众的反复实践，北方农村探索出一条发展农村能源、庭院经济与保护生态环境相结合的新路子，即："四位一体"生态农业模式。它使沼气发展跳出了单纯围绕能源建设的小圈子，将农民的生活、生产和生态农业紧密结合在一起，并在促进农民脱贫致富、农业生产结构调整和农业的可持续发展等方面起了很好的作用。目前它已在北方农村推广。

"四位一体"模式由沼气池、猪（禽）舍、厕所和日光温室组成（图 9-7）。它以土地资源为基础、以太阳能为动力、以沼气为纽带，通过生物能转换技术，将沼气池、猪（禽）舍、厕所和日光温室有机地结合在一起，组成农村能源综合利用体系。它使农业生态系统内的能量形成多级利用和物质的良性循环，达到了高产、优质、高效和低耗的目的。它解决了北方地区沼气池安全越冬问题，使之常年产气；促进生猪生长，缩短育肥时间，提高养猪效益；为温室提供充足的肥源，提高了经济作物的质量和产量。它是一个生物种群较多、食物链结构健全、能流和物流较快循环的能源生态系统工程。

由于实施"四位一体"模式，使北方农村发生了可喜的变化。辽宁省大洼县清河村 260 户农民，有 170 户建起了"四位一体"模式，一般年均增收 3000～4000 元，好的可达到万元。再有，辽宁省朝阳县河东村昔日是个穷山沟,1984年人均收入只有170元。随着改革开放和市场经济的发展,全村兴建"四位一体"模式186个,占全村农户76.8%。能源一业兴举,带来六畜兴旺。1993年全村年人均收入达到1500元。事实说明,发展"四位一体"模式是一项利国、利民的大好事。

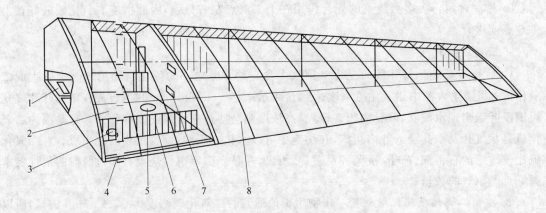

图9-7 "四位一体"生态农业模式

1.厕所 2.猪舍 3.进料口 4.溢水槽 5.沼气池

6.前护栏 7.通气口 8.日光温室

二、"四位一体"模式的总体设计

（一）建设场地

日光温室可建在农户房前、屋后或空地上;选择场地宽敞、背风向阳、没有树木或高大建筑物遮阳的平地作为建设场地。

（二）建设方位

日光温室坐北朝南、东西延长;如果受限可偏东或偏西但不超过15°。

（三）建设面积

日光温室的面积依据农户庭院或空地的大小而定,通常为$100\sim180m^2$。其中在温室的一端建$20\sim25m^2$猪舍和厕所;猪舍地面下建$6\sim10m^3$沼气池;其余为菜(或瓜果)地。

（四）平面布置

根据庭院或空地的大小,沼气池、猪舍、厕所和日光温室的组合,主要有以下两种平面布置(图9-8、图9-9)。

(1)沼气池建在猪舍地面下并位于日光温室的中轴线上,有利于进料和保温。

(2)沼气池的出料口设在日光温室(菜地)内,便于给作物施肥和出肥。

（五）施工顺序

先建沼气池,再建猪舍和厕所,最后建日光温室。

三、"四位一体"模式各设施的技术要求

（一）日光温室

它是组成北方"四位一体"模式中,最主要的设施。尤其在北方严寒的冬季,为了给畜禽、蔬菜和瓜果的生产,以及制取沼气创造良好的生长和繁殖条件,得到更大的经济效益,就必须建

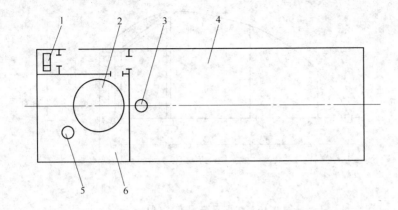

图 9-8 "四位一体"模式平面布置图(一)
1. 厕所 2. 沼气池 3. 出料口 4. 日光温室 5. 进料口 6. 猪舍

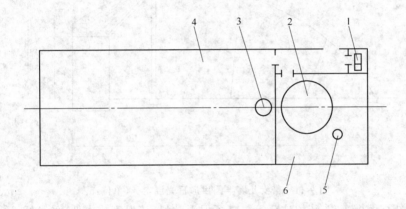

图 9-9 "四位一体"模式平面布置(二)
1. 厕所 2. 沼气池 3. 出料口 4. 日光温室 5. 进料门 6. 猪舍

造一个采光、增温和保温效果好的日光温室。

目前与"四位一体"模式配套的塑料薄膜日光温室结构型式较多。根据使用拱架材料的不同,可分为钢架结构、竹木结构和钢竹结构等;根据棚面形状的不同,可分为半圆拱形日光温室和一斜一立日光温室两大类。两者相比,半圆拱形日光温室具有采光好、空间较大、作业方便和便于压紧薄膜等优点。所以在北方"四位一体"模式中,大多数采用半圆拱形日光温室。在具体推广中,半圆拱形日光温室主要有以下三种型式。

1. 优型日光温室(图 9-10) 这是东北地区推广较多的一种日光温室。其跨度 6m、棚顶高 2.8m,后墙高 1.8m,后坡长 1.5～1.7m(仰角 30°以上)、后坡水平投影宽 1.2～1.5m、前棚面为拱形。后墙与山墙的墙体结构一般有两种:一是草泥垛墙,底宽 1m,冬季墙外培土防寒;二是砖砌,内侧墙 12cm,外侧墙 24cm,中空 8～12cm,内填苯板、炉渣和珍珠岩等隔热物,建成保温复合墙体。

2. 带女儿墙半圆拱形日光温室(图 9-11) 这是由宁夏农村技术推广总站设计的。其跨度 6～7m,棚顶高 2.7～3.0m,后墙高 1.6m,后坡水平投影宽 1.2～1.5m,前棚面为半圆拱形。墙体为底宽 1m 的草泥垛墙。由于后墙低、后坡角大,故增加了后墙和后坡的受光时间和蓄热量。

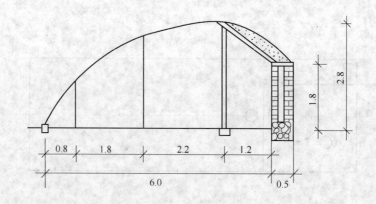

图 9-10　优型日光温室　（单位:m）

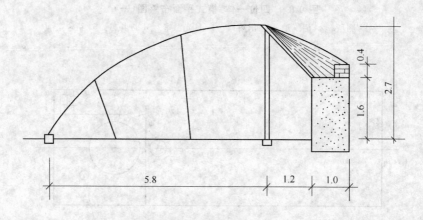

图 9-11　带女儿墙半圆拱形日光温室　（单位:m）

又因后坡增加了女儿墙,能装填秸草等提高了保温效果。该温室成本低、采光好、适合西北干旱地区就地取材建造。

3.鞍Ⅱ型日光温室(图 9-12)　这是一种无立柱日光温室。其跨度为 6m,棚顶高 2.7~2.8m,后墙高 1.8m,后坡长 1.7~1.8m(仰角 35°),后坡水平投影宽 1.4m,前棚面为拱形。后墙与山墙为砖砌空心墙,内侧墙 12cm、外侧墙 24cm、中空 12cm,内填苯板、炉渣和珍珠岩等隔热物。前后棚面为钢结构一体化拱形桁架:上弦用 ϕ40mm 的钢管,下弦用 ϕ10mm 的钢筋,腹杆为 ϕ8mm 的钢筋;拱架间用纵拉杆(ϕ40mm 的钢管)固定;拱架(纵向)间距 85cm;拱架下端固定在温室地面圈梁的混凝土座上、上端固定搭接在后墙的内上角。

后坡采用轻型结构:第一层木板皮;第二层是两层草帘,中间夹一层旧塑料膜;第三层抹泥2cm 并再铺 60cm 厚度的成捆秸草。这种温室采光好,保温效果好,但造价较高。

4.保温措施

(1)设置防寒沟:在日光温室的前沿挖深 40~60cm、宽 40cm 的沟。沟底铺旧塑料膜,内填秸草和树叶等,再覆盖一层高出地面 5cm 的土层。

(2)加盖保温帘:冬季日光温室一般不加温,但夜间需要加强保温,才能给作物创造一个适宜的生长环境。一般保温帘有以下两种:

①草帘。多数使用秸草(稻草、麦秸、蒲草和芦苇等)打制的草帘。其长度一般比前棚面稍长(约 7m),宽 1.5m。草帘的保温效果一层可保温 5℃~6℃。显然实际保温效果与草帘的草

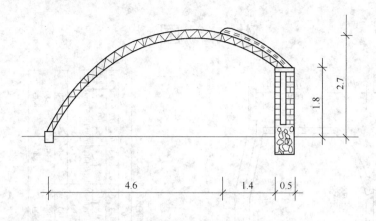

图 9-12 鞍 Ⅱ 型日光温室 （单位:m）

质、厚薄及其疏密程度有关。

②纸被。在冬季严寒地区,为了弥补草帘保温能力的不足,可在草帘下加盖纸被以获得更好的保温效果。纸被一般用 4~6 层牛皮纸(或水泥袋)缝制而成。其长按前棚面长度缝制,宽 1.5m。4 层牛皮纸做的纸被保温效果可达到 6℃~7℃。

（二）沼气池

沼气池是"四位一体"模式的核心部分。其在温室的位置、池型的选择和建筑质量都会影响到整体效益的发挥。为此与模式配套的沼气池,应遵循以下原则:

(1)按照"四结合"的原则,做到沼气池与猪舍、厕所、日光温室连通,有利于粪便管理和卫生;温室内的作物能直接利用沼肥和二氧化碳气肥。

(2)沼气池应建在温室的一端,距农户厨房较近,一般不超过 25m。

(3)沼气池位于温室的中轴线上,有利于池体保温。

(4)沼气池建设应因地制宜、就地取材、标准池型和使用方便可靠。一般选用底层出料的水压式沼气池,也可选用其他优化的池型。需要指出的是:该池有两个进料口;若有一管采用直管进料,则进料直管应插入到池体的中下部。

（三）其他

(1)猪舍的南端距棚脚 0.7~1.0m 处建 0.8m 高的围墙或铁栏,以防猪拱。

(2)猪舍地面用水泥抹面,并高出室外地面 20cm。猪舍地面有 1%~2% 的坡度,坡向南墙角的溢水槽。溢水槽直通棚外,以防雨水从进料口灌入沼气池。

(3)沼气池的进料口要高出猪舍地面 2cm。顶口有钢筋制成的篦子,其间距以防止猪脚误入,又能送入发酵原料为宜;沼气池顶的贮水圈高出猪舍地面 10cm。

(4)在猪舍地面施工前,要用砖砌筑好沼气管路通道,以 1% 的坡度通向温室外。其目的是防止猪啃。

附　图

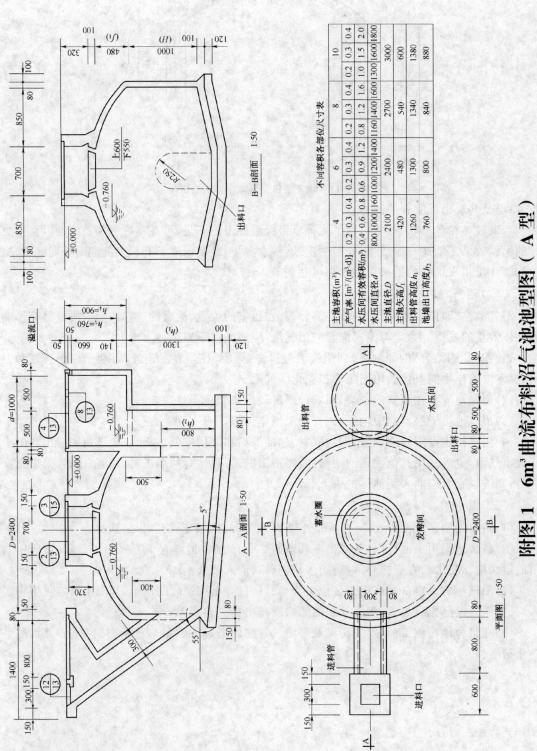

不同容积各部位尺寸表

主池容积(m³)	4			6			8			10		
产气率〔m³/(m³·d)〕	0.2	0.3	0.4	0.2	0.3	0.4	0.2	0.3	0.4	0.2	0.3	0.4
水压间有效容积(m³)	0.4	0.6	0.8	0.6	0.9	1.2	0.8	1.2	1.6	1.0	1.5	2.0
水压间直径d	800	1000	1160	1000	1200	1400	1160	1400	1600	1300	1600	1800
主池直径D	2100			2400			2700			3000		
主池矢高f_1	420			480			540			600		
出料管高度h_1	1260			1300			1340			1380		
池端出口高度h_2	760			800			840			880		

附图1　6m³曲流布料沼气池池型图（A型）

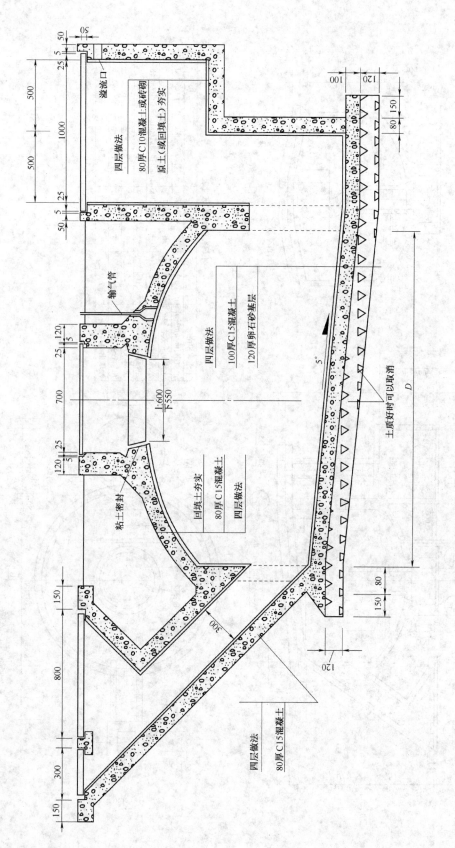

附图 2 曲流布料沼气池构造详图（A 型）

溢流口

四层做法
80厚C10混凝土或砖砌
原土（或回填土）夯实

120
100
150
80

输气管

四层做法
100厚C15混凝土
120厚卵石砂基层

5°

土质好时可以取消

D

粘土密封

回填土夯实
80厚C15混凝土
四层做法

120

150
80

四层做法
80厚C15混凝土

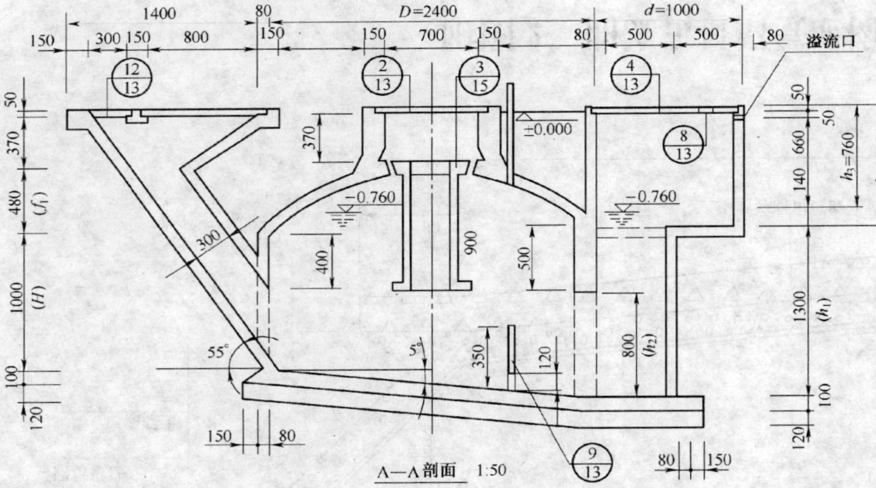

A—A 剖面　1:50

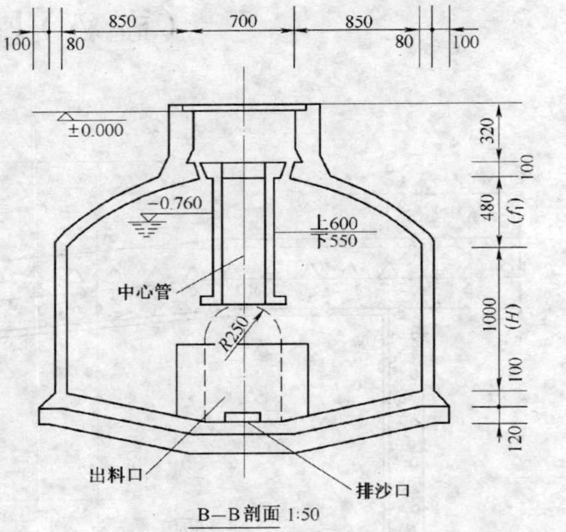

B—B 剖面 1:50

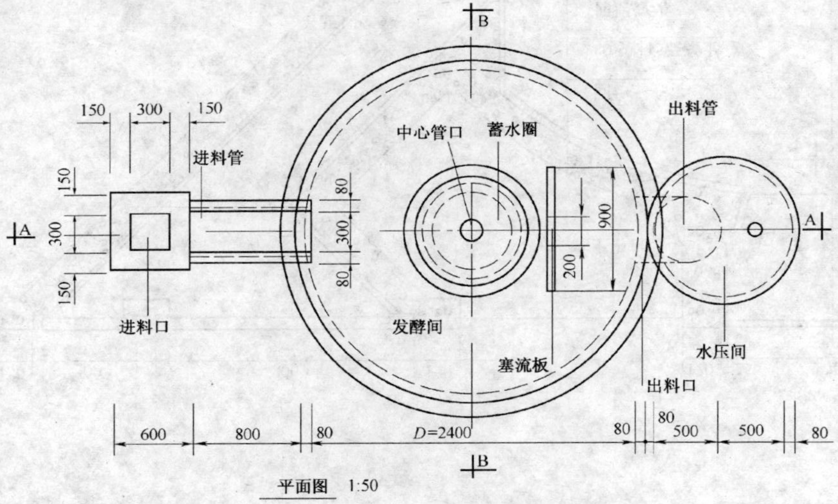

平面图　1:50

不同容积各部位尺寸表

主池容积(m^3)	4			6			8			10		
产气率[$m^3/(m^3 \cdot d)$]	0.2	0.3	0.4	0.2	0.3	0.4	0.2	0.3	0.4	0.2	0.3	0.4
水压间有效容积(m^3)	0.4	0.6	0.8	0.6	0.9	1.2	0.8	1.2	1.6	1.0	1.5	2.0
水压间直径 d	800	1000	1160	1000	1200	1400	1160	1400	1600	1300	1600	1800
主池直径 D	2100			2400			2700			3000		
主池矢高 f_1	420			480			540			600		
出料管高度 h_1	1260			1300			1340			1380		
池墙出口高度 h_2	760			800			840			880		

附图 3　6m^3曲流布料沼气池池型图（B 型）

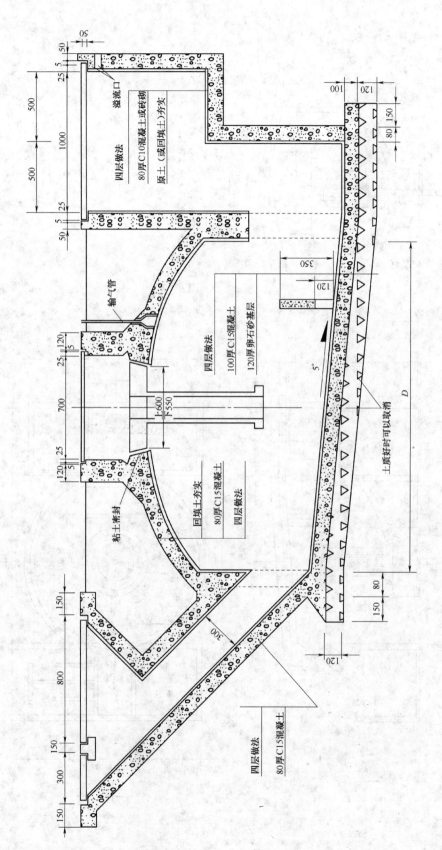

溢流口

四层做法
80厚C10混凝土或砖砌
原土（或回填土）夯实

输气管

四层做法
100厚C15混凝土
120厚卵石砂基层

回填土夯实
80厚C15混凝土
四层做法

粘土密封

四层做法
80厚C15混凝土

土质好时可以取消

附图 4　曲流布料沼气池构造详图（B 型）

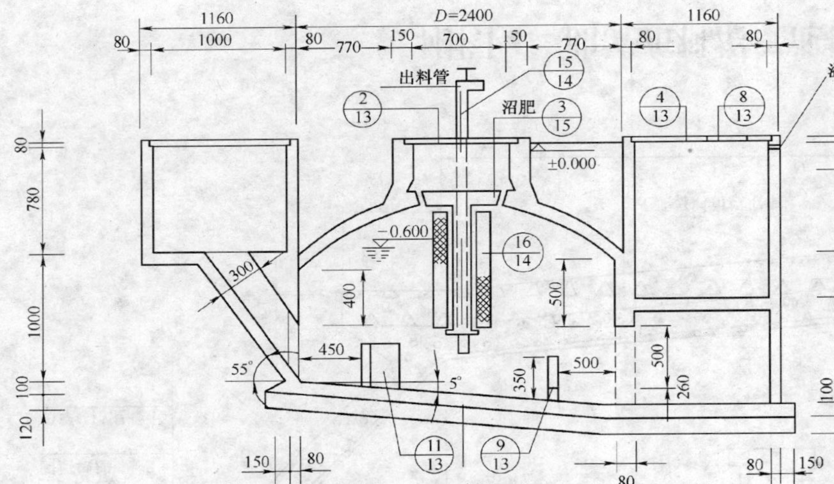
出料管
沼肥
±0.000
溢流口
−0.600
D=2400
1160
1000
55°
5°

A—A 剖面 1:50

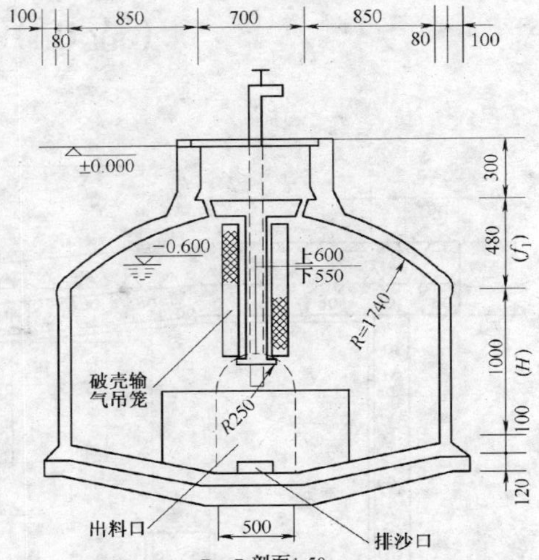
±0.000
−0.600
上600
下550
R=1740
R250
破壳输
气吊笼
出料口
排沙口

B—B 剖面 1:50

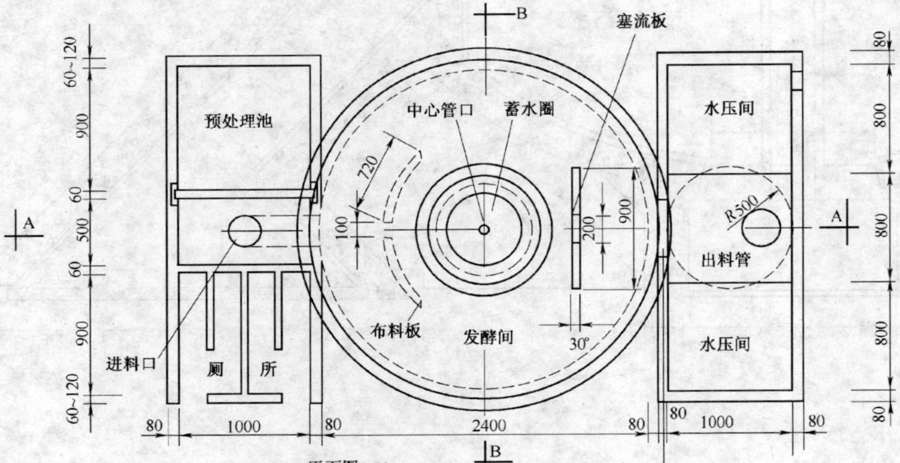
预处理池
中心管口
蓄水圈
塞流板
水压间
出料管
R500
水压间
进料口
厕
所
布料板
发酵间
2400
出料口

平面图 1:50

注：1. 主池容积 6m³，产气率：0.5m³/(m³·d)。
2. 发酵原料适用于人、畜、禽粪便。

附图 5　6m³ 曲流布料沼气池池型图（C 型）

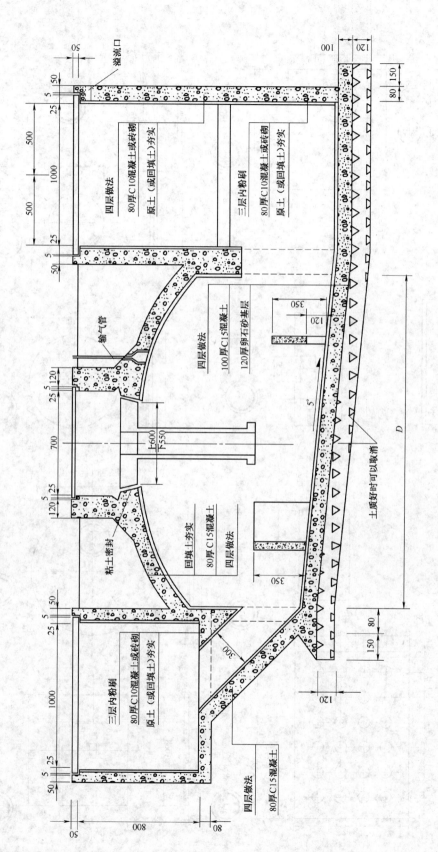

附图 6 曲流布料沼气池构造详图（C 型）

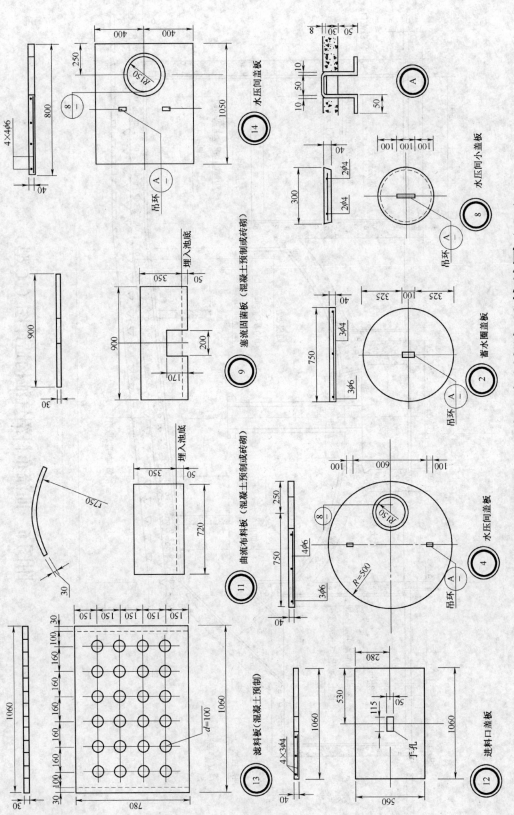

附图 7　曲流布料沼气池构件图（一）

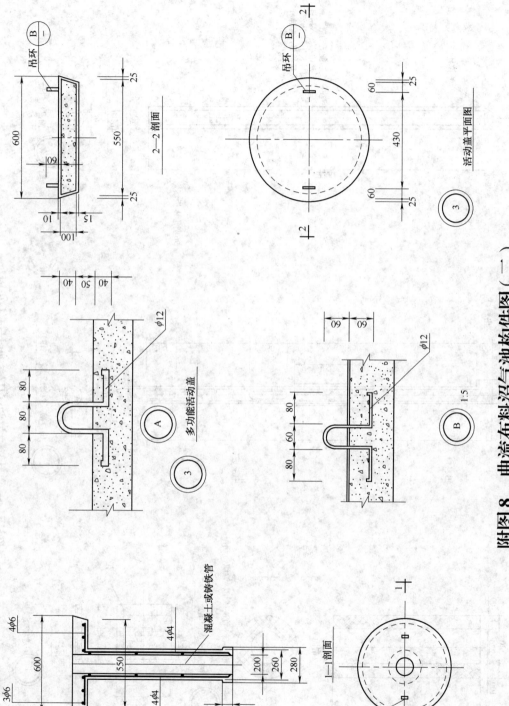

附图 8　曲流布料沼气池构件图（二）

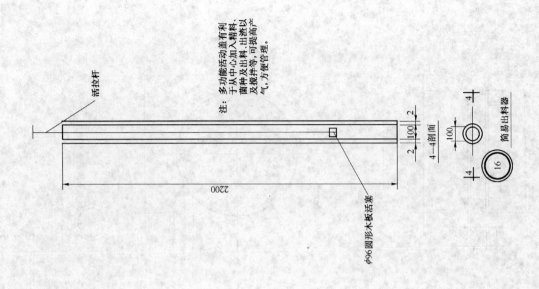
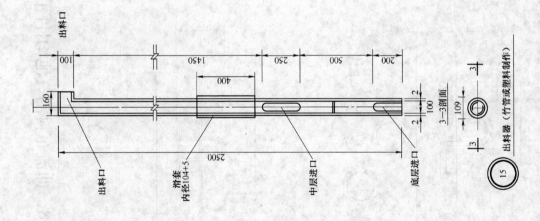
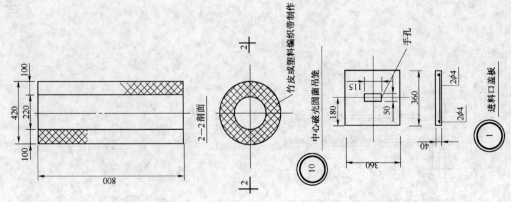

附图9　曲流布料沼气池构配件图

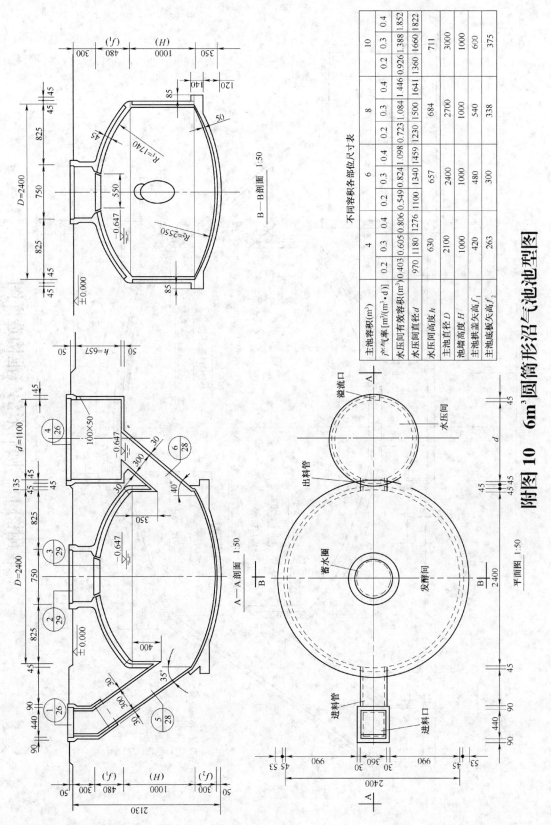

不同容积各部位尺寸表

主池容积(m³)	4			6			8			10		
产气率[m³/(m³·d)]	0.2	0.3	0.4	0.2	0.3	0.4	0.2	0.3	0.4	0.2	0.3	0.4
水压间有效容积(m³)	0.403	0.605	0.806	0.549	0.824	1.098	0.723	1.084	1.446	0.926	1.388	1.852
水压间直径d	970	1180	1276	1100	1340	1459	1230	1500	1641	1360	1660	1822
水压间高度h		630			657			684			711	
池墙高度D		2100			2400			2700			3000	
主池拱盖矢高f₁		1000			1000			1000			1000	
主池拱盖矢高f₁		420			480			540			600	
主池底板矢高f₂		263			300			338			375	

附图10 6m³圆筒形沼气池池型图

· 127 ·

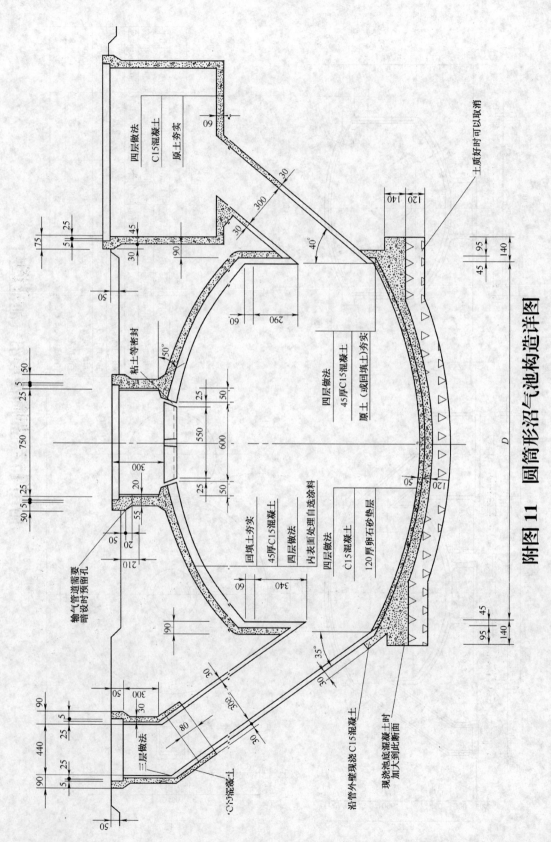

四层做法
C15混凝土
原土夯实

土质好时可以取消

粘土等密封

输气管道需要
暗设时预留孔

四层做法
45厚C15混凝土
原土（或回填土）夯实

回填土夯实
45厚C15混凝土
四层做法
内表面处理自选涂料

四层做法
C15混凝土
120厚卵石砂垫层

三层做法

C15混凝土

沿管外壁现浇C15混凝土

现浇池底混凝土时
加大到此断面

附图 11　圆筒形沼气池构造详图

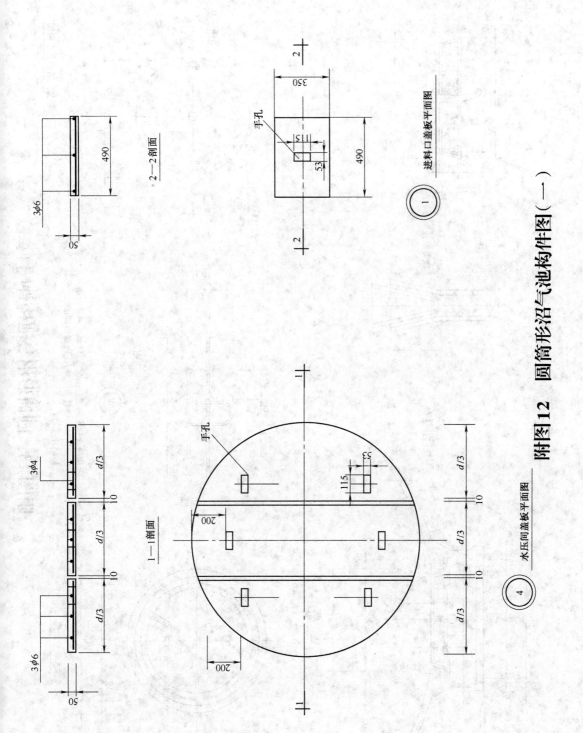

附图 12 圆筒形沼气池构件图（一）

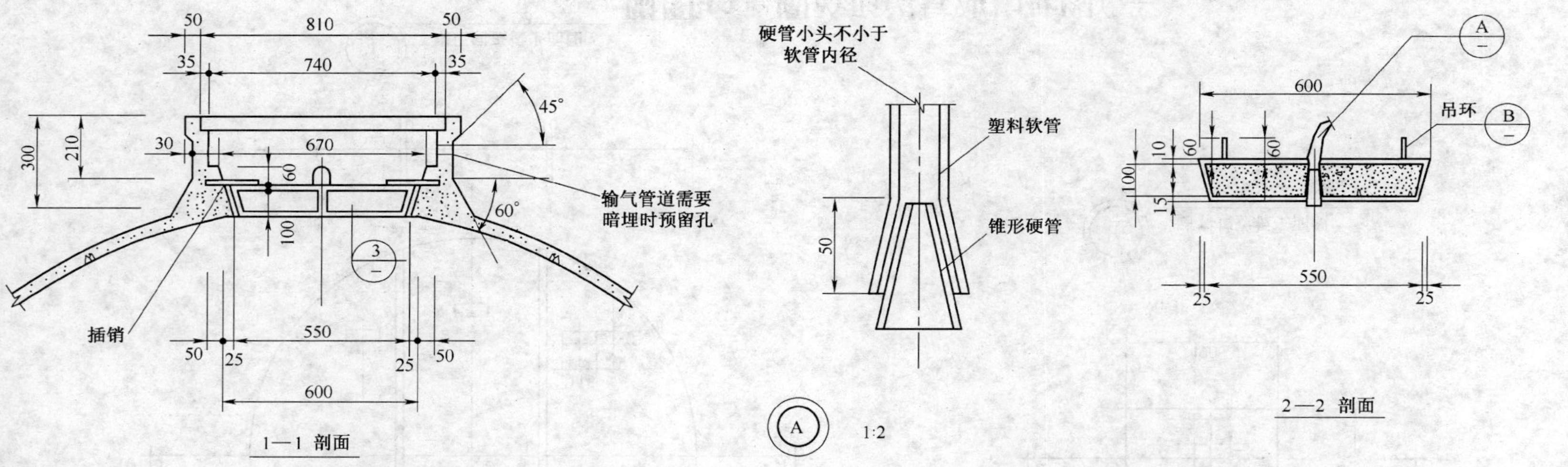

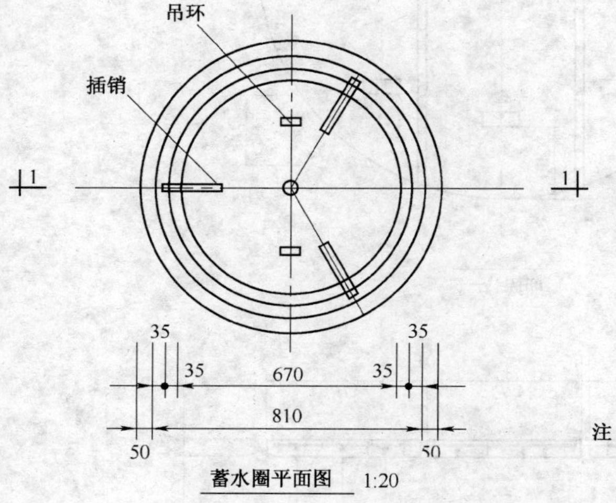

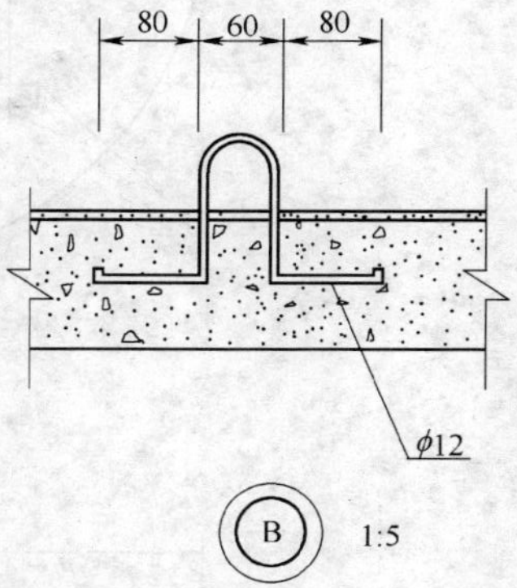

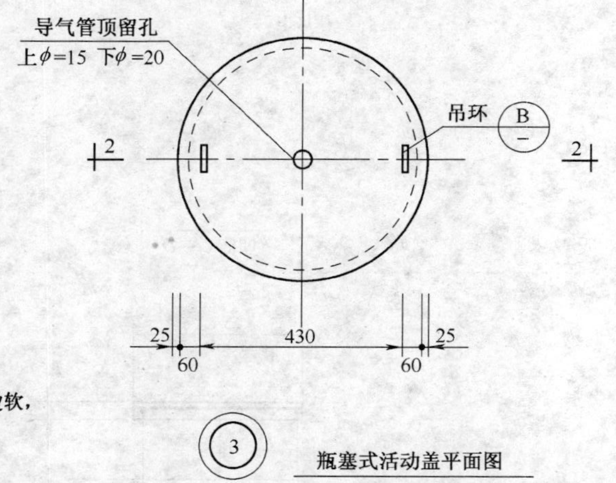

吊环

2—2 剖面

塑料软管
锥形硬管

硬管小头不小于软管内径

A 1:2

导气管顶留孔
上 ϕ=15 下 ϕ=20

吊环

瓶塞式活动盖平面图

3

B 1:5

注：1. 塑料软管锥形部分的制作，可将塑料软管用开水烫软，然后用锥形硬管强制塞入、冷却后即成。
2. 插销孔 ϕ=25。

输气管道需要暗埋时预留孔

45°
60°

1—1 剖面

插销

蓄水圈平面图 1:20

吊环
插销

附图 13 圆筒形沼气池构件图（二）

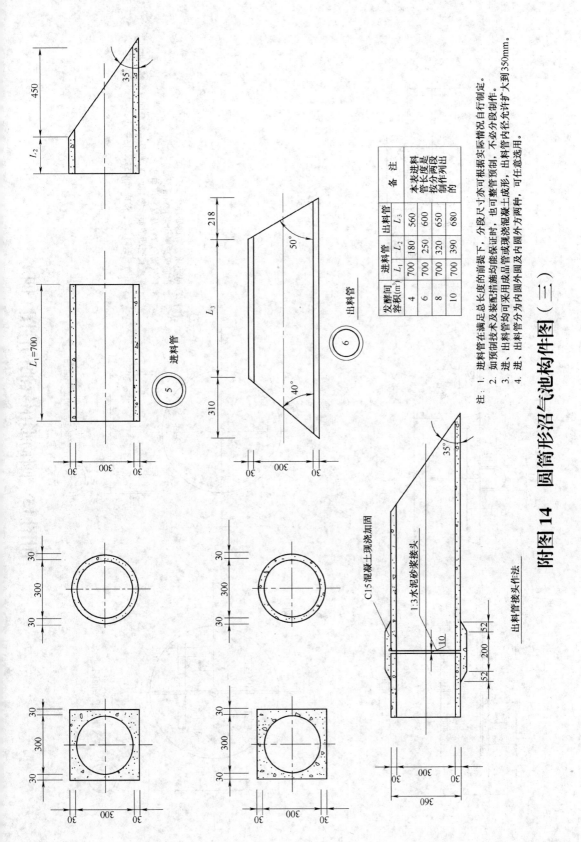

发酵间容积(m³)	进料管		出料管	备注
	L_1	L_2	L_3	
4	700	180	560	本表进料管长度是按分两段制作的
6	700	250	600	
8	700	320	650	
10	700	390	680	

进料管

出料管

C15混凝土现浇加固

1:3水泥砂浆接头

出料管接头作法

注：1. 进料管在满足总长度的前提下，分段尺寸亦可根据实际情况自行制定。
2. 如预制技术及安装配套措施均能保证时，也可整管预制，不必分段制作。
3. 进、出料管均可采用成品管或现浇混凝土成形，出料管径允许扩大到350mm。
4. 进、出料管分为内圆外圆及内圆外方两种，可任意选用。

附图14　圆筒形沼气池构件图（三）

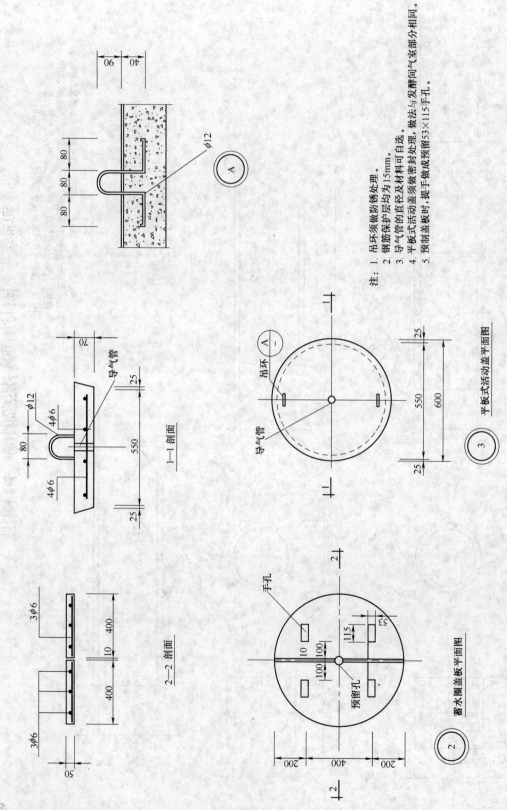

注：
1. 吊环须做防锈处理。
2. 钢筋保护层均为15mm。
3. 导气管的直径及材料可自选。
4. 平板式活动盖须做密封处理。做法与发酵间气室部分相同。
5. 预制盖板时，提手做成预留53×115手孔。

A

1—1 剖面

φ12
导气管
4φ6
4φ6
550
80
25
25

2—2 剖面

3φ6
400
10
400
50
3φ6

③ 平板式活动盖平面图
吊环
A
1—1
导气管
550
600
25
25

② 蓄水圈盖板平面图
手孔
115
53
10
100
100
预留孔
200
400
200
2—2

附图 15 圆筒形沼气池构件图（四）

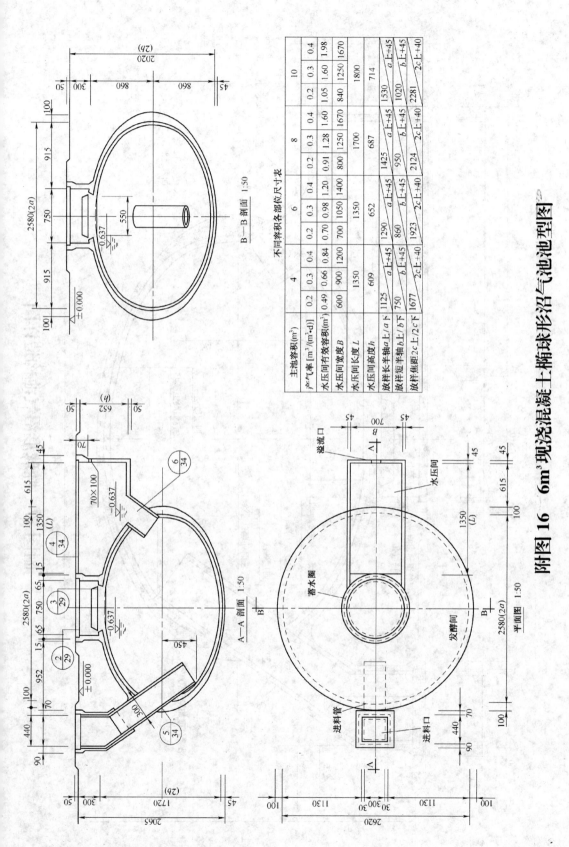

不同容积各部位尺寸表

主池容积[m³]	4			6			8			10		
产气率[m³/(m³·d)]	0.2	0.3	0.4	0.2	0.3	0.4	0.2	0.3	0.4	0.2	0.3	0.4
水压间有效容积(m³)	0.49	0.66	0.84	0.70	0.98	1.20	0.91	1.28	1.60	1.05	1.60	1.98
水压间宽度 B	600	900	1200	700	1050	1400	800	1250	1670	840	1250	1670
水压间长度 L	1350			1350			1700			1800		
水压间高度 h	609			652			687			714		
放样长半轴 a上/a下	1125			1290			1425			1530	a上+45		
放样短半轴 b上/b下	750			860			950			1020	b上+45		
放样焦距 2c上/2c下	1677			1923			2124			2281	2c上+40		

附图 16 6m³现浇混凝土椭球形沼气池池型图

· 133 ·

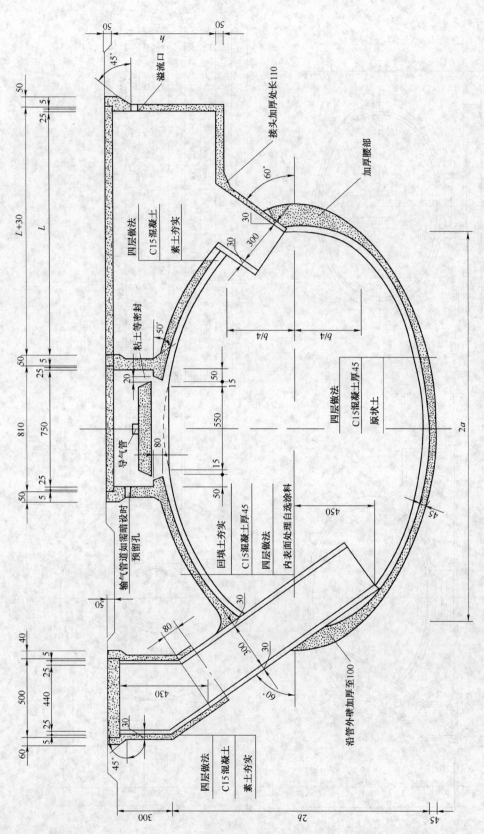

溢流口

45°

L+30

L

50 25 5

四层做法
C15混凝土
素土夯实

粘土等密封

50°

20

810 750

50 25 5

导气管

50 5 25

输气管道如需暗设时
预留孔

50

四层做法
C15混凝土
素土夯实

45°

40 25 5

500 440

60 5 25

60°

300

430

80

30

回填土夯实
C15混凝土厚45
四层做法
内表面处理自选涂料

30

沼管外壁加厚至100

450

2b

300

45

60°

30

300

450

2a

45

四层做法
C15混凝土厚45
原状土

b/4 b/4

加厚腰部

接头加厚处长110

30 300

30

15 50

550

15

50

50

附图 17　椭球形沼气池构造详图

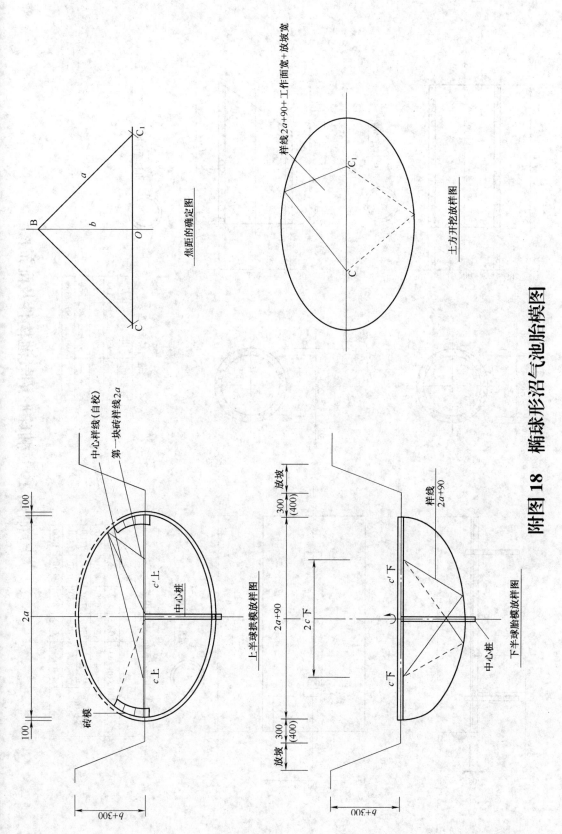

焦距的确定图

土方开挖放样图
样线 2a+90+ 工作面宽 + 放坡宽

中心样线（自校）
第一块砖样线 2a
砖模
上半球胎模放样图

下半球胎模放样图
样线 2a+90
中心桩

附图 18　椭球形沼气池胎模图

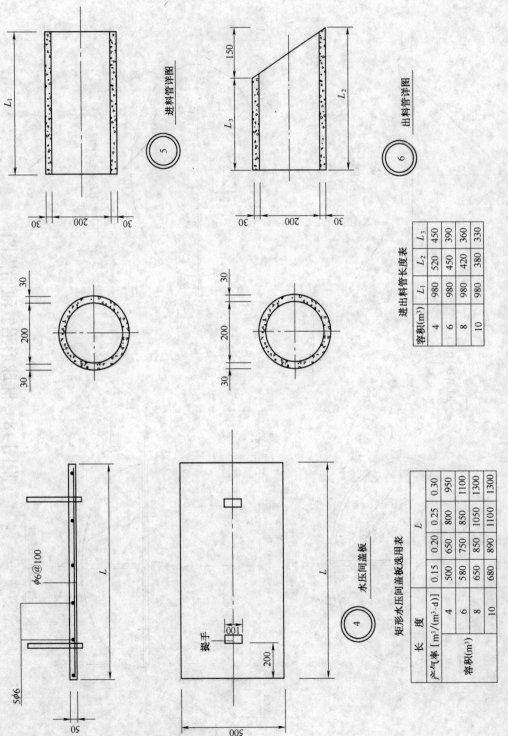

进料管详图 ⑤

出料管详图 ⑥

水压间盖板 ④

进出料管长度表

容积(m³)	L_1	L_2	L_3
4	980	520	450
6	980	450	390
8	980	420	360
10	980	380	330

矩形水压间盖板选用表

长 度	产气率 [m³/(m³·d)]	L			
		0.15	0.20	0.25	0.30
容积(m³)	4	500	650	800	950
	6	580	750	850	1100
	8	650	850	1050	1300
	10	680	890	1100	1300

附图 19　椭球形沼气池构件及配筋图

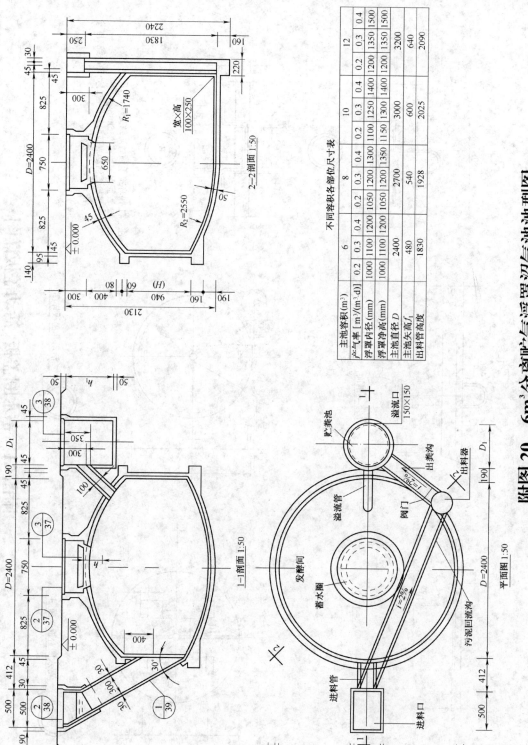

不同容积各部位尺寸表

主池容积 (m³)	6			8			10			12		
产气率 [m³/(m³·d)]	0.2	0.3	0.4	0.2	0.3	0.4	0.2	0.3	0.4	0.2	0.3	0.4
浮罩内径 (mm)	1000	1100	1200	1050	1200	1300	1100	1250	1400	1200	1350	1500
浮罩净高 (mm)	1000	1100	1200	1050	1200	1350	1150	1300	1400	1200	1350	1500
主池直径 D	2400			2700			3000			3200		
主池矢高 f	480			540			600			640		
出料管高度	1830			1928			2025			2090		

附图 20 6m³ 分离贮气浮罩沼气池池型图

· 137 ·

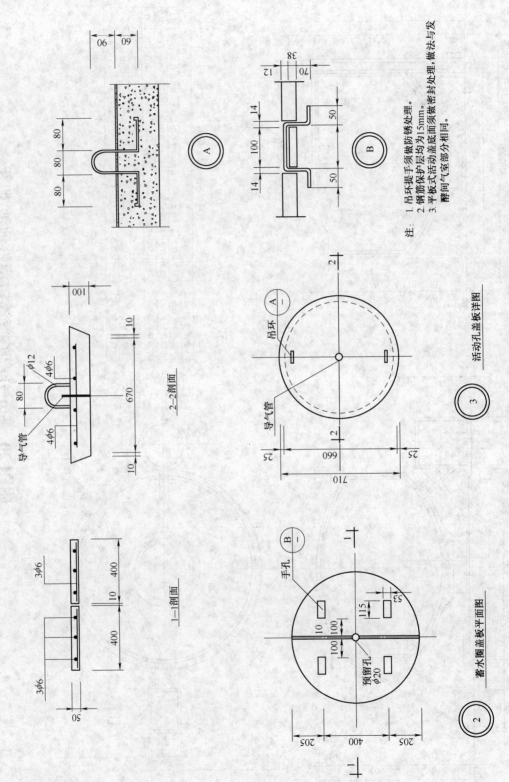

注：
1. 吊环提手须做防锈处理。
2. 钢筋保护层均为15mm。
3. 平板式活动盖底面须做密封处理。做法与发酵间气室部分相同。

A

B

2—2剖面

φ12
4φ6
80
导气管
670
4φ6
100
10
10

活动孔盖详图

吊环 A
导气管
25 660 25
710
12
3

1—1剖面

3φ6
400
10
400
3φ6
50

蓄水圈盖板平面图

手孔
10 100
100
预留孔 φ20
115
55
205 400 205
B
2

附图 21　蓄水圈盖板、活动盖板详图

· 138 ·

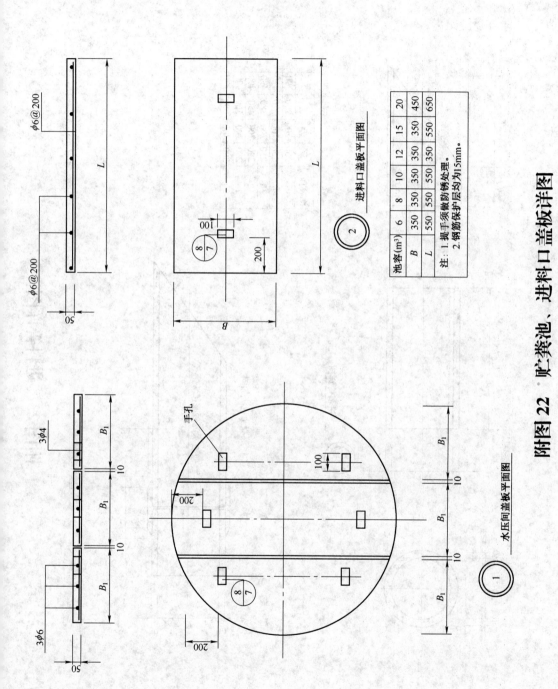

池容(m³)	6	8	10	12	15	20
B	350	350	350	350	350	450
L	550	550	550	350	550	650

注：1. 提手须做防锈处理。
2. 钢筋保护层均为15mm。

进料口盖板平面图

$\underline{2}$

水压间盖板平面图

$\underline{1}$

附图 22 贮粪池、进料口盖板详图

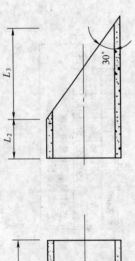

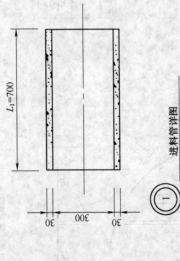

进料管详图

①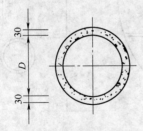

池容(m³)	D	L₁	L₂	L₃
6	250	700	200	290
8	250	700	270	490
10	250	700	380	490
12	250	700	450	490
15	250	700	560	490
20	300	700	650	570

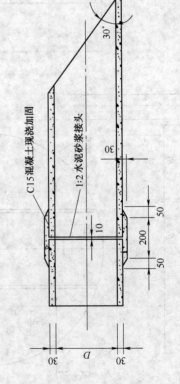

进料管接头做法图

附图 23　进料管详图

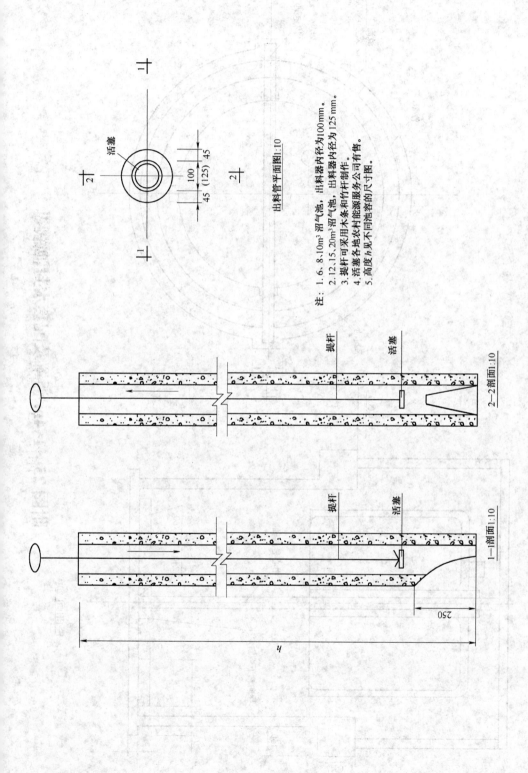

活塞

2─1

1─1

100
45 (125) 45

出料管平面图1:10

注：1. 1、6、8.10m³ 沼气池，出料器内径为100mm。
2. 12.15.20m³ 沼气池，出料器内径为125 mm。
3. 提杆可采用木条和竹杆制作。
4. 活塞各地农村能源服务公司有售。
5. 高度 h 见不同池容的尺寸图。

提杆

活塞

2─2剖面1:10

提杆

活塞

h

250

1─1剖面1:10

附图 24　出料器构造详图

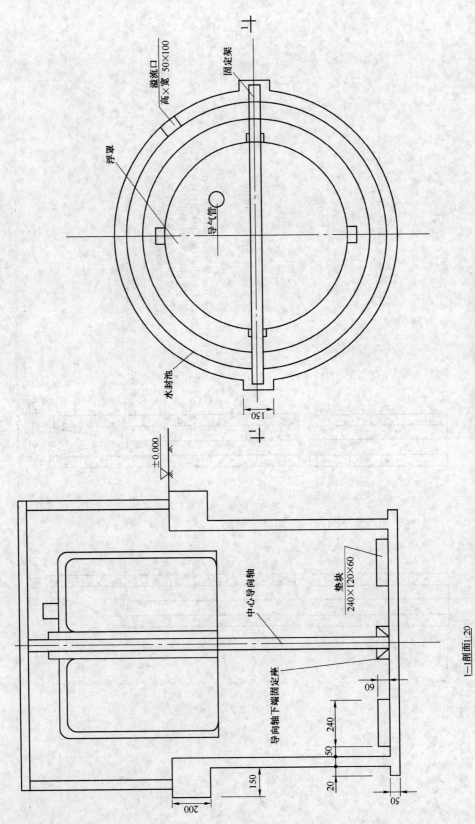

附图 25　1~4m³浮罩及配套水封池总图

溢流口
高×宽 50×100

固定架

浮罩

导气管

水封池

150

±0.000

中心导向轴

垫块
240×120×60

导向轴下端固定座

60

240

50

20

50

150

200

1—1剖面1:20

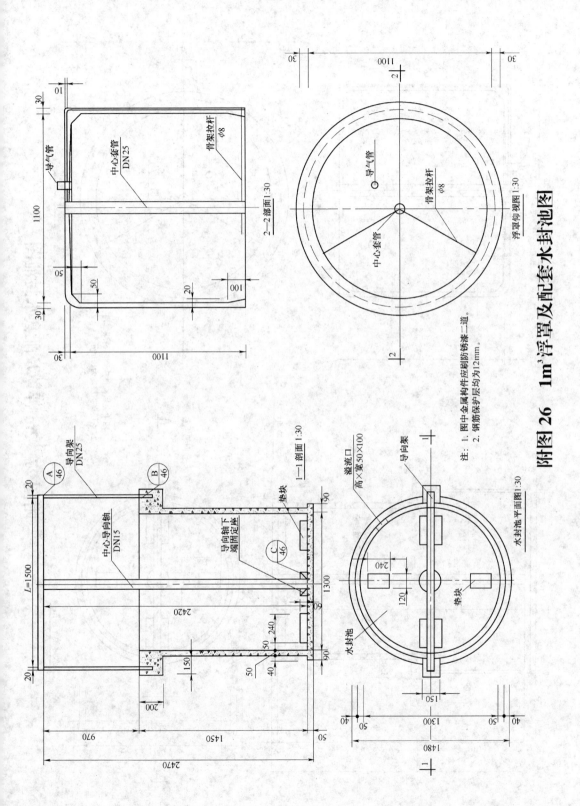

注： 1. 图中金属构件应刷防锈漆二道。
　　 2. 钢筋保护层均为12mm。

附图 26　1m³浮罩及配套水封池图

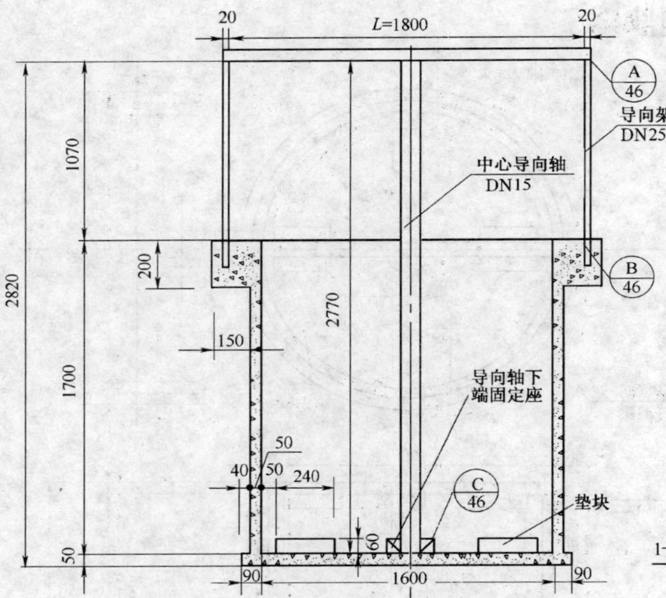
20
L=1800
20
A
46
导向架
DN25
中心导向轴
DN15
1070
2820
2770
200
B
46
150
1700
导向轴下
端固定座
50
40
50
240
C
46
垫块
60
50
90
1600
90

1—1 剖面1:40

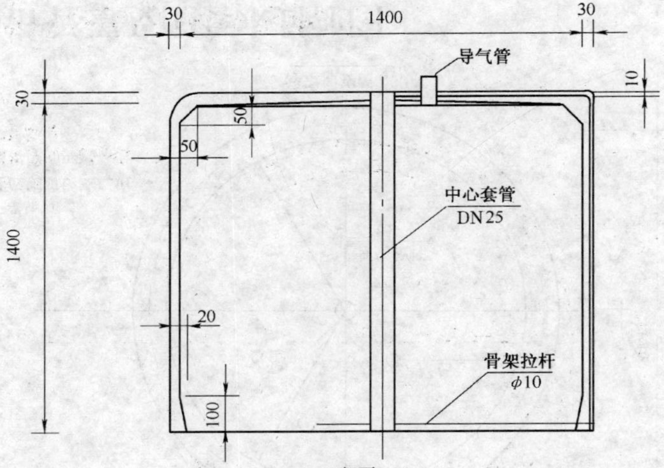
30
1400
30
导气管
10
30
50
50
中心套管
DN25
1400
20
骨架拉杆
ϕ10
100

2—2 部面1:25

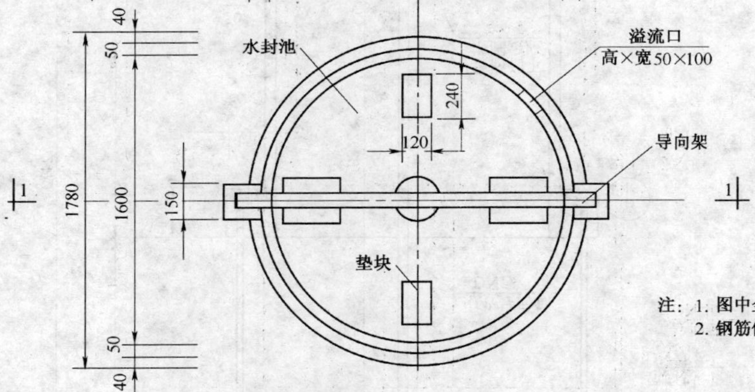
40
50
水封池
溢流口
高×宽50×100
240
120
导向架
1
1
1780
1600
150
垫块
50
40

水封 池平面图

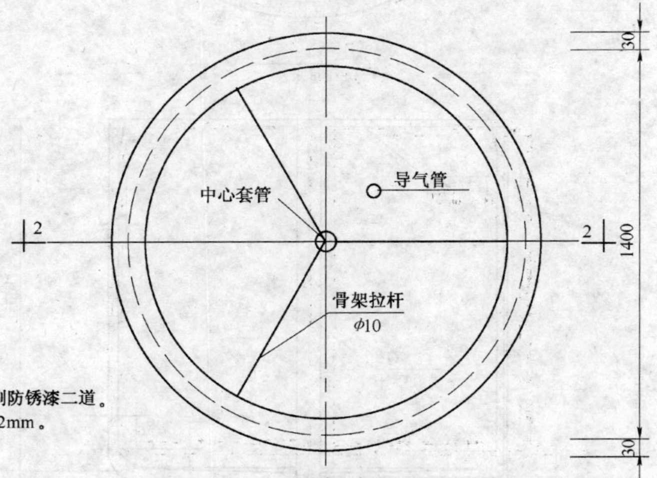
30
导气管
中心套管
2
2
1400
骨架拉杆
ϕ10
30

浮罩仰视图

注：1. 图中金属构件应刷防锈漆二道。

2. 钢筋保护层均为12mm。

附图 27　2m³浮罩及配套水封池图

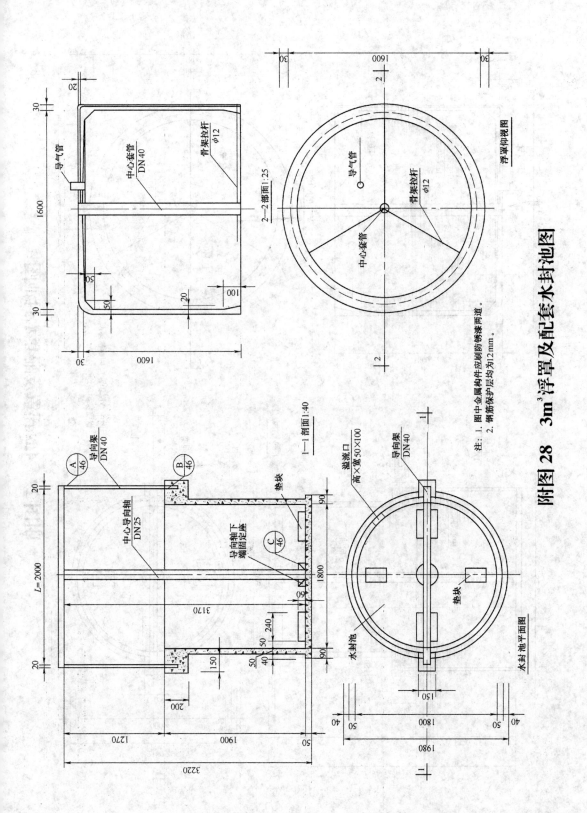

2—2部面1:25

浮罩仰视图

注：1. 图中金属构件应树脂防锈漆两遍。
    2. 钢筋保护层均为12mm。

1—1剖面1:40

水封池平面图

附图 28 3m³浮罩及配套水封池图

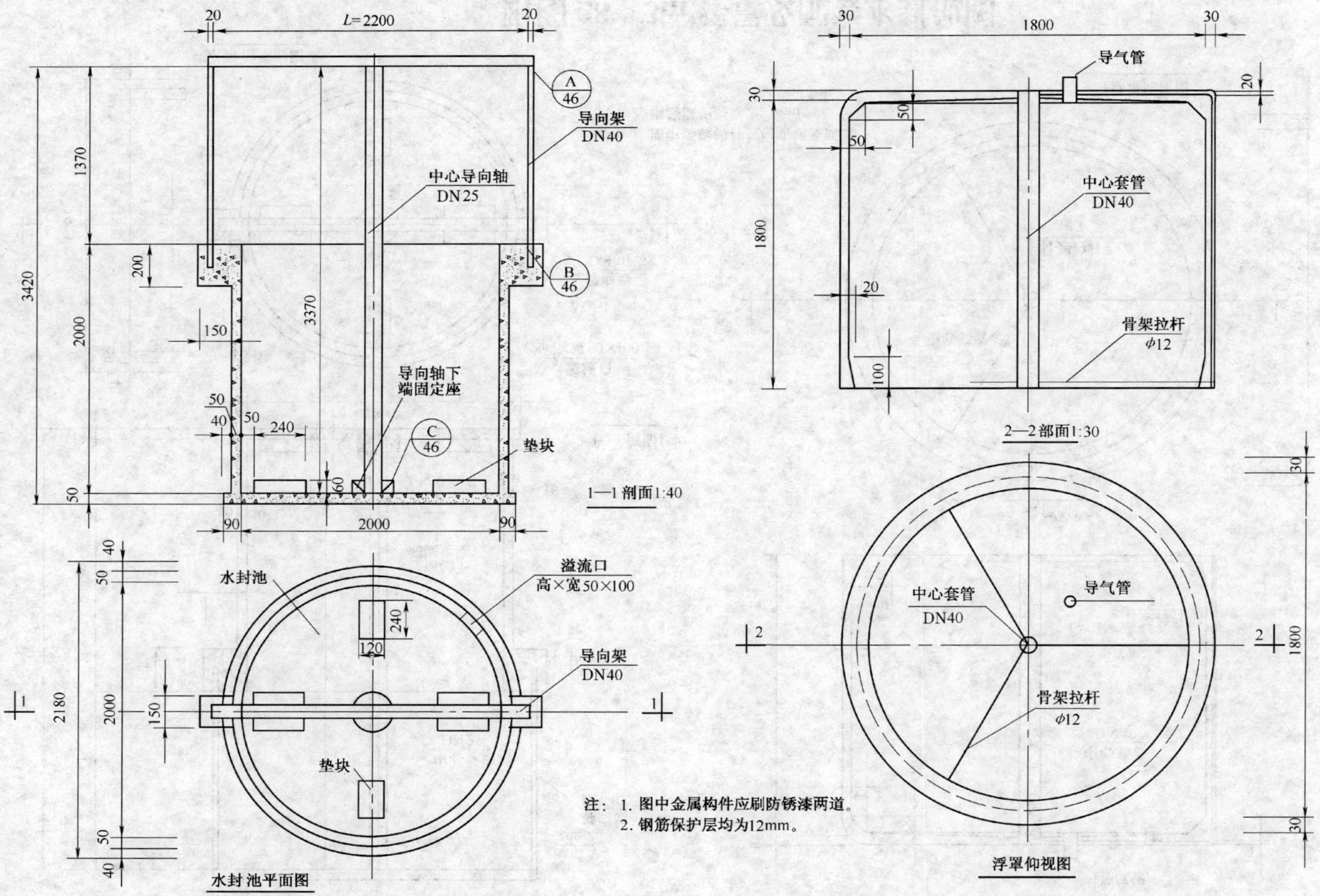

导气管

中心套管
DN40

骨架拉杆 φ12

30

1800

30

20

30

1800

30

50

50

20

001

2—2剖面1:30

1800

30

导气管

骨架拉杆 φ12

中心套管
DN40

浮罩仰视图

2

2

注：1. 图中金属构件应刷防锈漆两道。
　　2. 钢筋保护层均为12mm。

导向架
DN40

A
46

B
46

C
46

20

中心导向轴
DN25

导向轴下
端固定座

垫块

1—1剖面1:40

溢流口
高×宽 50×100

导向架
DN40

垫块

水封池

水封池平面图

L=2200

2000

2000

3370

90

60

150

50

240

40

50

90

20

240

120

200

1370

50

3420

1

1

40

50

2000

50

40

2180

150

附图 29　4m³浮罩及配套水封池图

· 146 ·

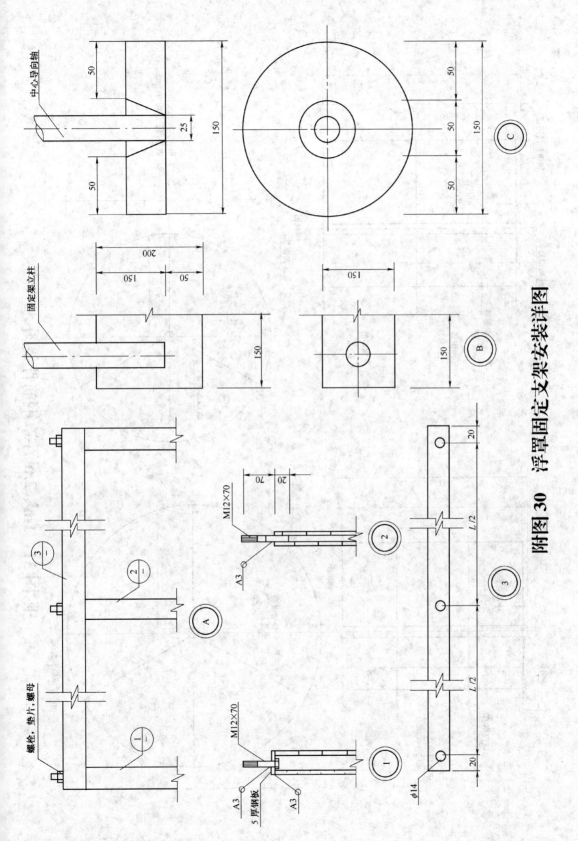

附图30 浮罩固定支架安装详图

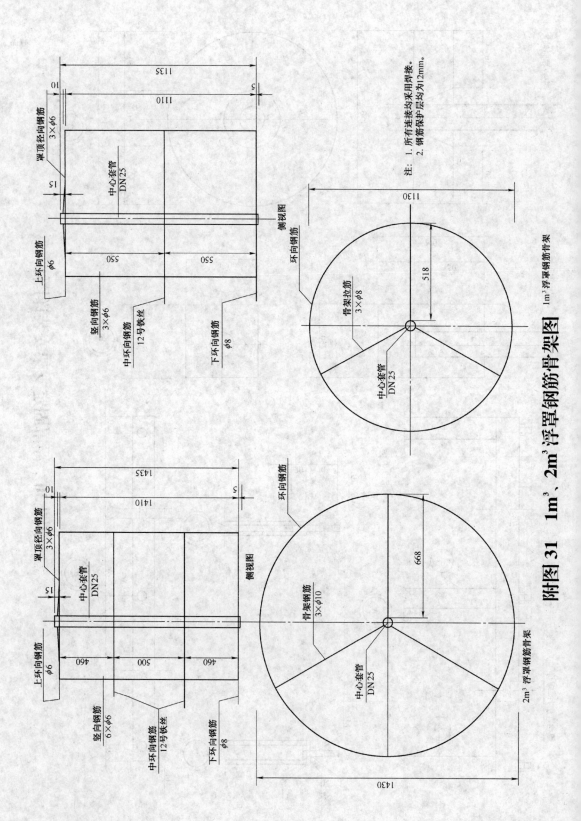

附图 31　1m³、2m³ 浮罩钢筋骨架图

注: 1. 所有连接均采用焊接。
　　2. 钢筋保护层均为12mm。

1m³ 浮罩钢筋骨架

罩顶径向钢筋 3×φ6
中心套管 DN25
上环向钢筋 φ6
竖向钢筋 3×φ6
中环向钢筋 12号铁丝
下环向钢筋 φ8
环向钢筋
骨架拉筋 3×φ8
中心套管 DN25
侧视图

2m³ 浮罩钢筋骨架

罩顶径向钢筋 3×φ6
中心套管 DN25
上环向钢筋 φ6
竖向钢筋 6×φ6
中环向钢筋 12号铁丝
下环向钢筋 φ8
环向钢筋
骨架钢筋 3×φ10
中心套管 DN25
侧视图

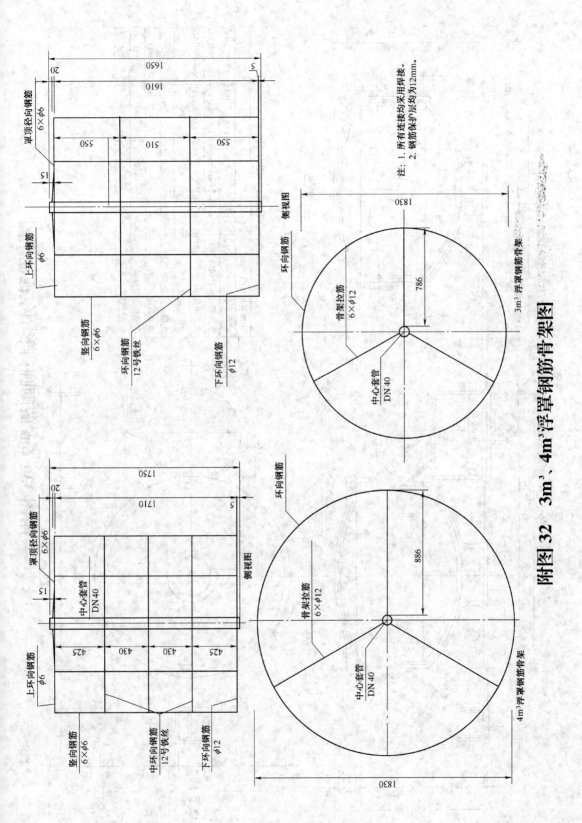

附图 32 3m³、4m³浮罩钢筋骨架图

罩顶径向钢筋 6×φ6

上环向钢筋 φ6

竖向钢筋 6×φ6

环向钢筋 12号铁丝

下环向钢筋 φ12

侧视图

1650
1610
5
20
15
550 510 550

环向钢筋

1830
786
骨架拉筋 6×φ12
中心套管 DN 40

3m³浮罩钢筋骨架

注：1. 所有连接均采用焊接。
2. 钢筋保护层均为12mm。

罩顶径向钢筋 6×φ6

上环向钢筋 φ6

竖向钢筋 6×φ6

中环向钢筋 12号铁丝

下环向钢筋 φ12

中心套管 DN 40

侧视图

1750
1710
5
20
15
425 430 430 425

环向钢筋

1830
886
骨架拉筋 6×φ12
中心套管 DN 40

4m³浮罩钢筋骨架

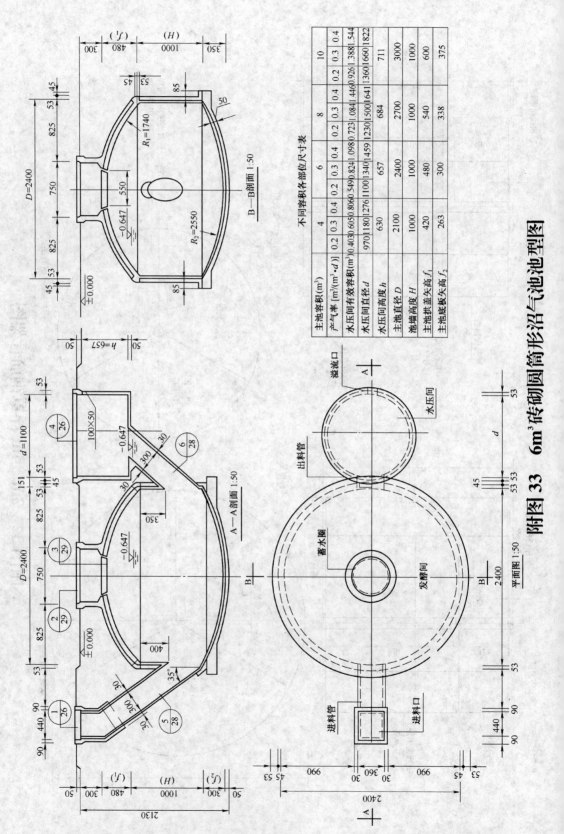

不同容积各部位尺寸表

主池容积(m³)		4			6			8			10		
产气率 [m³/(m³·d)]		0.2	0.3	0.4	0.2	0.3	0.4	0.2	0.3	0.4	0.2	0.3	0.4
水压间有效容积(m³)		0.403	0.605	0.806	0.549	0.824	1.098	0.723	1.084	1.446	0.926	1.388	1.544
水压间直径 d		970	1180	1276	1100	1340	1459	1230	1500	1641	1360	1660	1822
水压间高度 h			630			657			684			711	
主池直径 D			2100			2400			2700			3000	
池端高度 H			1000			1000			1000			1000	
主池拱盖矢高 f_1			420			480			540			600	
主池底板矢高 f_2			263			300			338			375	

附图 33 6m³砖砌圆筒形沼气池池型图

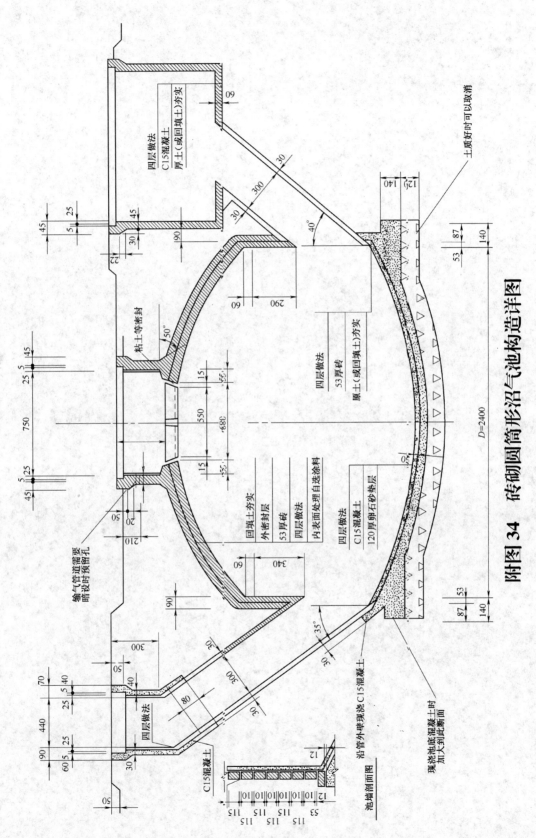

附图 34 砖砌圆筒形沼气池构造详图